普通高等教育"十三五"规划教材

近代物理实验

主 编 郑 军　副主编 王慧琴

西安交通大学出版社
XI'AN JIAOTONG UNIVERSITY PRESS

内容简介

本书总结近年来近代物理实验教学实践经验,结合物理学及其实验技术的新成果,选取了近代物理学发展中的著名实验和近代物理实验技术中有广泛应用的典型实验,包括原子物理、激光物理、真空技术和薄膜生长、X射线、扫描隧道显微镜、低温物理、半导体物理、微波、磁共振和微弱信号检测技术等方面的系列实验,其中涉及物理学和当代科技发展的新技术、新仪器和新方法,让学生学习如何用实验方法观察物理现象、研究物理规律,锻炼学生实验技能和独立工作能力,以满足培养人才的需要。

本书可作为高等院校近代物理实验的教材或教学参考书。

图书在版编目(CIP)数据

近代物理实验/郑军主编 . —西安:西安交通大学出版社,
2016.12(2018.8 重印)
　　ISBN 978 - 7 - 5605 - 9214 - 5

　　Ⅰ.①近…　Ⅱ.①郑…　Ⅲ.①物理学-实验-高等学校-教材　Ⅳ.①O41-33

中国版本图书馆 CIP 数据核字(2016)第 291221 号

书　　名	近代物理实验
主　　编	郑　军
责任编辑	任振国　杨丽云

出版发行　西安交通大学出版社
　　　　　(西安市兴庆南路 10 号　邮政编码 710049)
网　　址　http://www.xjtupress.com
电　　话　(029)82668357　82667874(发行中心)
　　　　　(029)82668315(总编办)
传　　真　(029)82668280
印　　刷　西安日报社印务中心

开　　本　787mm×1 092mm　1/16　印张 10.25　字数 247 千字
版次印次　2016 年 12 月第 1 版　2018 年 8 月第 2 次印刷
书　　号　ISBN 978 - 7 - 5605 - 9214 - 5
定　　价　25.00 元

读者购书、书店添货、如发现印装质量问题,请与本社发行中心联系、调换。
订购热线:(029)82665248　(029)82665249
投稿热线:(029)82664954
读者信箱:jdlgy@yahoo.cn

前　言

  物理学是实验科学,物理实验是物理学发展的基础,又是检验物理理论的唯一手段。现代物理学研究更和实验有着密切的联系。随着实验技术的发展,各种新的物理学现象被发现,加深人们对客观世界规律的认识,从而推动着物理学的不断发展,给世界带来日新月异的变化。

  近代物理实验作为物理系各专业高年级学生的重要基础课,它涉及的物理知识面广,实验的综合性和技术性强。在近代物理实验课程要做的十多个实验中,有在近代物理学发展史上堪称里程碑的著名实验,也有与现代科学技术中常用实验方法或现代技术有关的实验。它对锻炼学生对物理现象的观察力,引导他们了解实验物理在物理学中的地位,培养严谨的科学作风,训练科学研究的基本技能都有着非常重要的作用。

  近代物理实验教学的目的在于培养学生各方面能力:

  (1)学习查阅文献,掌握物理学理论,提高知识水平和学习能力。与普通物理实验相比,近代物理实验原理较复杂,用到的数学物理知识很全面。通过实验,了解掌握近代物理学的基本概念和基本理论,实现物理系学生的全面的物理理论储备,同时查阅相关文献,了解该领域的最新进展。

  (2)掌握仪器操作,了解仪器的设计原理,开阔眼界。与普通物理实验相比,近代物理实验使用的仪器设备要复杂、精密得多。实验中不仅要学会使用仪器设备,还要试着去了解仪器的设计原理,设备的各部分是如何连接的,掌握如何利用仪器实现实验的测量,提高学生从理论走向应用的动手能力。

  (3)学习研究问题的方法。许多近代物理实验项目都是获得诺贝尔物理学奖的,学生们可以在做实验过程中学习到物理学家当年是如何通过实验发现新的物理现象,总结物理规律,并且在实验中验证物理新理论的。通过学习,将提高学生分析问题解决问题的能力。

  (4)学会写研究报告。近代物理实验报告除了注重数据处理之外,还要学会观察实验现象,并且从数据处理的结果中看出实验中得出的物理信息,这部分内容是书上抄不到的,要用自己的话写出来,而且要用科学的语言描写而不是写成大白话。经过训练,将大大提高学生归纳概括言简意赅等写作能力。

  为了完成好近代物理实验,除了一般物理实验要求之外,特别要求同学们做到以下两点:

  第一,认真做好预习。与普通物理实验相比,近代物理实验的理论有难度和仪器设备复杂。因此要求同学们一定要做好预习,可以先到近物实验室看看,预先了解各实验仪器设备的特性与使用方法。不预先学习实验理论,不掌握实验仪器的特性、操作要领和实验步骤等,是做不好近代物理实验的。

  第二,在教师指导下,要独立完成实验。独立工作能力,是大学高年级学生应具备的能力之一。教师只是起指导作用。从每个实验的原理了解,每台仪器特性掌握,到实验步骤确定,实验数据记录、实验结果分析等,都要求同学们能独立完成。同学们要认真阅读实验教材,也要查阅、研究其他文献资料,还要积极思考、不断探索,独立解决遇到各种问题。

  本教材编者都是长期从事近代物理实验课程的教学工作,结合多年的教学实践,充分吸收了先进的教学理念和教学方法,参考了以往在教学中多次使用的实验讲义内容,吸收了当前科学研究和实验技术发展的新成果,使近代物理实验课程也与时俱进。

本教材的编写工作由郑军、方利广、王慧琴、韩道福、武煜宇、戚小平、赵勇等完成,郑军负责统稿。同时要感谢梁晓军老师在实验室建设和管理工作中的辛勤付出。

由于编著者水平有限,书中难免有疏漏之处,恳请读者批评指正。

编　者

2016 年 9 月

目　录

第1章

原子分子物理实验

1-1　光谱仪和光谱的测量

光谱是光源所发射的辐射强度随波长(频率)的分布,它反映了光源的构成物质和其他的一些特性。我们现在所掌握的有关原子和分子结构方面的知识绝大部分都来自光谱的研究。在电磁辐射和物质相互作用时能观察到吸收或发射光谱,光谱能从多方面提供了原子和分子结构和它们与周围环境相互作用的信息。因此,光谱的观测在科学研究和生产生活中有着十分重要的意义。

一、实验目的

(1)掌握光栅光谱仪的工作原理和使用方法,学习识谱和谱线测量等基本技术。

(2)通过光谱测量了解一些常用光源的光谱特性。

(3)通过所测得的氢(氘)原子光谱在可见和近紫外区的波长验证巴尔末公式并准确测出氢(氘)的里德堡常数。

(4)测出氢、氘同位素位移,求出质子与电子的质量比。

二、实验仪器

光栅光谱仪,氢氘灯,钠光灯,汞灯,发光二极管,热光源。

三、实验原理

1. 光栅光谱仪的结构及工作原理

光谱仪是光谱测量仪器。它的核心是分光,利用折射或衍射产生色散,把不同频率的光分开。常见的分光方法有两种:棱镜折射和光栅衍射。故按分光原理不同,光谱仪可分为棱镜谱仪和光栅光谱仪。光栅光谱仪是光谱测量中最常用的仪器,下面就来介绍它的工作原理。

基本结构如图 1-1-1 所示。它由入射狭缝 S1、平面反射镜 M1、准直球面反射镜 M2、光栅 G、聚焦球面反射镜 M3 以及输出狭缝 S2(S3)构成。

复色入射光进入狭缝 S1 后,由 M1 反射,经 M2 变成复色平行光照射到光栅 G 上,经光栅衍射后,不同波长的光束以不同的衍射角度射到 M3 上,M3 将照射到它上面的某一波长的光聚焦在出射狭缝 S2 上,再由 S2(S3)后面的电光探测器记录该波长的光强度。

光栅光谱仪的色散元件为闪耀光栅 G。光栅 G 安装在一个转台上,当光栅旋转时,从出射狭缝 S2(S3)出来的光的波长就在变化,光电探测器记录不同光栅旋转角度(不同的角度代表不同的波长)时的输出光信号强度,即记录了光谱。

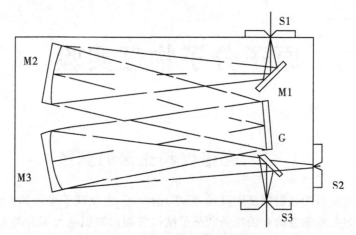

图 1-1-1　光栅光谱仪光路图

M1—反射镜;M2—准光镜;M3—物镜;G—平面衍射光栅;S1—
入射狭缝;S2—光电倍增管接收;S3—CCD 接收

2. 光谱测量

2.1　典型光源光谱发光原理

(1)热辐射光源。这一类光源特点是物体在发射辐射过程中不改变内能,只要通过加热来维持它的温度,辐射就可继续不断地进行下去。这类光源包括我们常用的白炽灯、卤素灯、钨带灯和直流碳弧灯等一些常用光源。它们光谱是覆盖了很大波长范围连续光谱,谱线的中心频率和形状与物体温度有关,而与物质特性无关,温度越高,辐射的频率也越高。

(2)发光二极管。通过 n 型半导体的电子和 p 型半导体在结间的偶合发出光子,发光频率与电子跃迁能级有关。如果,跃迁的上能级为 E_2、下能级为 E_1,则发出光子的频率 ν 满足

$$h\nu = E_2 - E_1$$

其中 $h = 6.626 \times 10^{-34}$ J·s 为普朗克常数,发光二极管跃迁的上下能级都是范围较宽的能带结构,因此,其谱线宽度一般也较宽。分子和晶体也有这种带状的能级结构,谱线也有一定的宽度。

(3)光谱灯。光谱灯工作物质一般为气体或金属蒸汽,通过激发的形式,使低能态的原子激发到较高的能级(图 1-1-2),处于高能级的原子是不稳定的,会以自发辐射的形式回到低能级,辐射的光子也满足

$$h\nu = E_2 - E_1$$

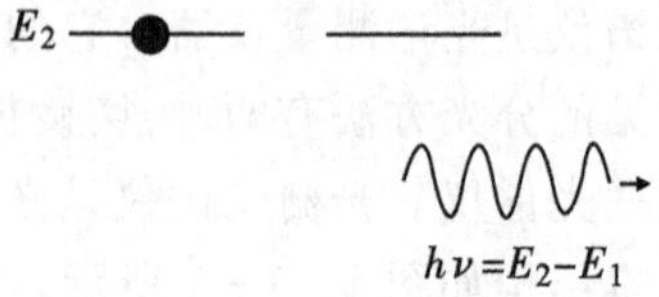

E_2 和 E_1 分别是原子自发辐射跃迁的上下能级,

图 1-1-2　原子自发辐射发射光子

ν 为辐射的光子频率。原子的能级是分立的,可以从不同高能级不同低能级跃迁,因此,原子谱线也是分立的,谱线宽度一般也较窄。

2.2　谱线半值线宽

谱线的半值线宽(半线宽)是光谱研究中一个很重要的参量,通过半线宽的测量我们可以知道谱线的频率分布的范围的大小,可以求得光源的相干长度等一些与光源特性有关的参量。如果一个光谱的分布函数 $f(\lambda)$,在波长 $\lambda = \lambda_0$ 达到极大 $f(\lambda_0)$(图 1-1-3),在其左右两边各存在波长值 λ_1,λ_2,有 $f(\lambda_1) = f(\lambda_2) = f(\lambda_0)/2$,则对应波长 λ_0 峰值半线宽定义为 $\Delta\lambda = |\lambda_1 - \lambda_2|$。峰值半线宽与相干长度 ΔL 关系为 $\Delta L = \dfrac{\lambda_0^2}{\Delta\lambda}$。

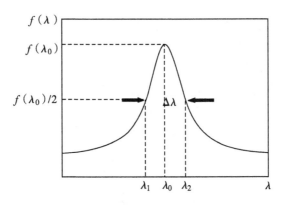

图 1-1-3　谱线半值线宽

2.3　氢原子光谱

氢光谱实验在量子理论的发展过程中有着非常重要的地位,1913 年玻尔原子的量子轨道的理论,指出了原有经典理论不能用于解释原子内部结构,提出了微观体系特有的量子规律,揭开了量子论发展的序幕。

氢原子光谱的实验规律:

早在原子理论建立以前人们就积累了有关原子光谱的大量实验数据,发现氢原子光谱可以用一个普遍的公式表示,波数

$$\tilde{v} = \frac{1}{\lambda} = R\left(\frac{1}{m^2} - \frac{1}{n^2}\right) \tag{1-1-1}$$

其中:m 取 1,2,3,4,5 等正整数,每一个 m 值对应一个光谱线系,如当 $m = 2$ 时便得到谱线在可见光和近紫外区的巴尔末线系;n 取 $m+1,m+2,m+3,\cdots$ 等正整数,每一个 n 值对应一条谱线;R 称为里德伯常数。式(1-1-1)称为广义巴尔末公式。

根据光谱实验规律和其他实验结果,玻尔提出了原子电子轨道的量子化理论,按照玻尔理论氢原子光谱巴耳末线系的理论公式为

$$\tilde{v} = \frac{1}{(4\pi\varepsilon_0)} \frac{2\pi^2 m e^4}{h^3 c \left(1 + \dfrac{M}{m}\right)} \left(\frac{1}{2^2} - \frac{1}{n^2}\right) \tag{1-1-2}$$

式中,ε_0 为真空介电常数,h 为普朗克常数,c 为光速,e 为电子电荷,m 为电子质量,M 为氢原子核质量。即里德伯常数

$$R = \frac{1}{(4\pi\varepsilon_0)} \frac{2\pi^2 m e^4}{h^3 c \left(1 + \dfrac{M}{m}\right)} = R_\infty \left(\frac{M}{M+m}\right) \tag{1-1-3}$$

R_∞ 为将核的质量视为无穷大（即假定核固定不动）时的里德伯常数。这样便把里德伯常数和许多基本物理常数联系起来了。因此式（1-1-3）和实验结果符合程度就成为检验玻尔理论正确性的重要依据之一。

这样式（1-1-2）可写成

$$\tilde{v} = \frac{1}{\lambda} = R\left(\frac{1}{2^2} - \frac{1}{n^2}\right) \tag{1-1-4}$$

（$n = 3$ 时，$\lambda = 656.28$ nm）

2.4 同位素位移

由于同一元素的不同同位素，它们原子核所拥有的中子数不同，引起原子核质量差异和电荷分布的微小差异，而引起原子光谱波长的微小差别称为"同位素位移"。一般来说，元素光谱线同位素位移的定量关系是很复杂的。对于重核，中子数目的增加除了增大原子核的质量外，还使原子核的半径发生变化，它们对同位素的光谱线都有影响。只有像氢原子这样的系统，同位素位移才可以用简单的公式计算。氢原子核是一个质子，其质量为 M，氘核比氢核多一个中子，其质量近似为 $2M$。由式（1-1-4）可知氢原子与氘原子的里德伯常数分别为

$$R_H = R_\infty\left(\frac{M}{M+m}\right) \tag{1-1-5}$$

$$R_D = R_\infty\left(\frac{2M}{2M+m}\right) \tag{1-1-6}$$

对于巴耳末线系，氢和氘的谱线计算公式分别为

$$\tilde{v}_H = \frac{1}{\lambda_H} = R_H\left(\frac{1}{2^2} - \frac{1}{n^2}\right) \tag{1-1-7}$$

$$\tilde{v}_D = \frac{1}{\lambda_D} = R_D\left(\frac{1}{2^2} - \frac{1}{n^2}\right) \tag{1-1-8}$$

对于相同的 n，由式（1-1-5）～ 式（1-1-8）可得

$$\Delta\lambda = \lambda_H - \lambda_D = R_\infty\left(\frac{1}{R_H} - \frac{1}{R_D}\right) \bigg/ \left(\frac{1}{2^2} - \frac{1}{n^2}\right)$$

$$= R_\infty\left(\frac{1}{R_H} - \frac{1}{R_D}\right) \bigg/ R_\infty\left(\frac{1}{2^2} - \frac{1}{n^2}\right)$$

$$\approx \frac{\dfrac{M+m}{M} - \dfrac{2M+m}{2M}}{1/\lambda} = \frac{m}{2M}\lambda \tag{1-1-9}$$

所以

$$\frac{M}{m} \approx \frac{\lambda}{2\Delta\lambda} \tag{1-1-10}$$

同时由于用光谱实验可测得精确度很高的里德伯常数，因而也成为测量基本物理常数值的重要依据之一。上式中的 λ 是用 R_∞ 代替 R_H 或 R_D 计算得到的 λ_H 或 λ_D 的近似值。用式（1-1-10）计算 M/m 时，又可取 λ_D 的数值。从实验测得的每一个 λ_H 和 λ_D 可算得 M/m 的一个值，最后求平均值。

3. WGD 系列光谱仪控制软件介绍

当打开光栅光谱仪软件系统，计算机会对系统自动初始化，探测零点位置，使光谱仪到达 200 nm 的测量位置，并可见到图 1-1-4 界面。因篇幅的关系这里只对一些常用的功能做简单

的介绍。在界面的左边有"参数设置"按键,有如下参数:

"模式":有"能量""透过率""吸收率"和"基线"四种模式,一般谱线的测量用能量模式;在测量"透过率"和"吸收率"需先测量基线。

"间隔":有 0.1 nm,0.2 nm,0.5 nm 和 1 nm 四档(8 型还有 0.025 nm,0.05 nm 档),反映了扫描过程中两测量点间的距离,在测量时,可根据测量谱线的特性选择合适的档次。

"起始波长"和"终止波长":决定扫描的波长范围(在 200～800 nm 范围内),可直接输入,也可用谱线下方工具 选定,或在工具 cV 点开的窗口内输入。

"最大值"和"最小值":决定"能量"显示范围。最大值为 1000,在测量中,计算机有时会自动选择,可用直接输入谱线下方工具 选定。也可在工具 cV 点开的窗口内输入。

以上两对参数可根据需要加以选择。

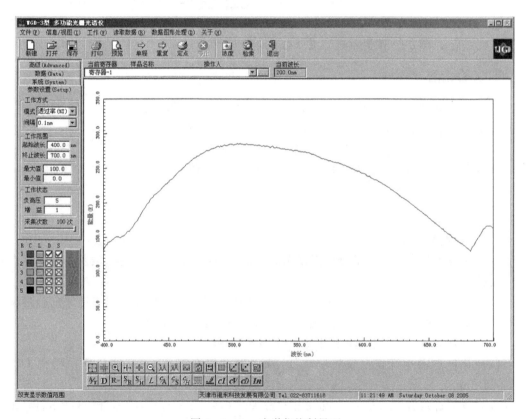

图 1-1-4　光谱仪控制界面

"负高压":在 WGD-8 型光谱仪上用于选择光电倍增管电压,共有 1～8 档,档数越高负高压越大,倍增管放大倍数也越大。在 WGD-3 型由于电压靠控制箱面板电压调节旋钮调节,这个参数是虚设的。

"增益":调节控制箱内部放大器的放大倍数,有 1～7 档。

"采集次数":调节每个测量点测量取平均的次数,次数越多,由于平均效果,曲线受外界不确定因素干扰越小,曲线越平滑,但测量所需的时间越长。

最上一排操作按键大多与一般计算机操作按键功能相同,只有在"工作"下有"单程扫描""定点扫描""波长检索"和"重新初始化"等操控键。

"单程扫描"：是用得最多的功能,点此按钮,光谱仪就会按设定的参数扫出谱线分布。在光谱图的上面有一排操作按钮中"单程"也可实现该功能。

"定点扫描"：点此按钮,光谱仪可在给定单一波长下扫出时间-强度谱,在调节光谱灯位置时,该功能十分有用。在光谱图的上面有一排操作按钮中"定点"也可实现该功能。

"波长检索"：可使光谱仪到达某一特定的波长位置。

"重新初始化"：使系统重新检查光谱仪波长"零点"位置,并使光谱仪到达测量 200nm 的波长位置。该功能在每次打开系统时,计算机就会提醒使用一次。

在"读取数据"下,有"寻峰"和"波长修正"等操控键。

"寻峰"：可求得谱线上的峰值位置,使用该功能时,需在寻峰窗口中选择要寻的是"峰",还是"谷","最小峰高"是多少等。用谱线图下方工具 和 也可实现同样的功能。

"波长修正"：对标准光谱灯进行测量后,"寻峰"如发现得到的谱线与标准光谱的位置不相符合,就可启动该功能,按提示进行波长修正。

四、实验内容

(1) 用光栅光谱仪测钠(汞)光谱灯的光谱,对光谱仪进行波长校准。

(2) 分别对热辐射源、发光二极管、光谱灯进行光谱测量。

(3) 测量氢原子发射谱,找出巴尔末线系的谱线,验证玻尔轨道理论。

(4) 测氢-氘谱,通过同位素位移求出质子与电子的比值。

五、实验步骤

1. 光谱仪波长修正

(1) 认真阅读光谱仪介绍部分或阅读光谱仪说明书,弄清光谱仪扫描、波长修正和定点扫描等功能的应用。

(2) 调节 S1,S2 缝宽,S_1,S_2 缝宽大小决定谱线精细程度,通常缝宽越小谱线的分辨率越高,但谱线强度越低。实验中,可按不同的测量要求,选择合适的缝宽。

(3) 打开计算机,开光谱仪电源开关,打开钠(汞)灯。

(4) 用鼠标点击运行光谱仪控制软件,选择光电倍增管,耐心等待仪器初始化工作结束($3 \sim 5$ min)。

(5) 对钠光灯双线 589.0 nm,589.6 nm(或汞灯 546.1 nm 线),在"能量"模式下,用"单程扫描"得到该标准谱线附近(范围：± 5 nm,间隔：0.1 nm)的强度分布;用"自动寻峰"找到谱线的峰值位置,如峰值位置与标准谱线波长不对,则用"波长修正"对光谱仪进行波长校正。

2. 典型光源光谱测量

分别选择好合适的"扫描范围"和"间隔",对热辐射源(白炽灯)、发光二极管、汞灯546.1 nm 线(或氢灯 656.28 nm 线)进行光谱测量,求出光谱的半线宽。画出该谱线强度分布简图,并求出相干长度。

在测量时要注意调节光源的位置和光电倍增管电压或信号"增益"以保证"能量"信号有足够大的数值(强度 > 100)。当然,狭缝的宽度直接影响谱线的强度。

3. 氢光谱测量

(1) 通过计算求出巴尔末线系的光谱范围,确定谱线出现的位置。[见式(1-1-4)($n = 3$ 时,$\lambda = 656.28$ nm)]

(2) 换氢灯初步扫出氢原子光谱(注意选择光电倍增管电压)。

(3) 用"自动寻峰"找到 $\lambda = 656.28$ nm 的谱线位置,进行"定点扫描"(选择扫描时间 > 1000 s),即在 $\lambda = 656.28$ nm 谱线峰值位置,看光谱强度随时间的变化,在"定点扫描"状态下,移动氢光谱灯的位置,使信号达到最大,并选择好适当的光电倍增管电压和信号放大倍数,保证信号足够大,并且不超出显示范围(< 1000),谱线能够最佳的信噪比。

(4) 根据巴尔末线系的范围,扫描出整个谱线系(参考范围:370 ~ 660 nm,间隔:0.01 nm)。

(5) 找出巴尔末线系的谱线,用最小二乘法求得氢原子的里德伯常数,求与公认值的百分差,验证波尔原子轨道理论。并画出谱线分布简图(谱线位置-强度)。

(6) 找出合适的光谱灯位置,分开氢氘谱线,扫描出谱线(或用 CCD 测量)。

六、注意事项

(1) 光谱灯换挡时,一定要切断电源。

(2) 在测量光谱时,调节谱线的强度,光电倍增管电压的调节不要超过 1000 V。

1-2　夫兰克-赫兹实验

玻尔(Niels Bohr, 1885—1962)的原子模型理论认为,原子是由原子核和以核为中心沿各种不同直径的轨道旋转的一些电子构成的,如图1-2-1所示。对于不同的原子,这些轨道上的电子数分布各不相同。一定轨道上的电子,具有一定的能量。当电子处在某些轨道上运动时,相应的原子就处在一个稳定的能量状态,简称为定态。当某一原子的电子从低能量的轨道跃迁到较高能量的轨道时(例如:图1-2-1中从Ⅰ到Ⅱ),我们就说该原子进入受激状态。如果电子从轨道Ⅰ跃迁到轨道Ⅱ,该原子进入第一受激态,如从Ⅰ到Ⅲ 则进入第二受激态等等。玻尔原子模型理论指出:

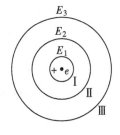

图 1-2-1

(1) 原子只能处在一些不连续的稳定状态(定态)中,其中每一定态相应于一定的能量 $E_i (i = 1, 2, 3, \cdots, m, \cdots, n)$。

(2) 当一个原子从某定态 E_m 跃迁到另一定态 E_n 时,就吸收或辐射一定频率的电磁波,频率的大小决定于两定态之间的能量差 $E_n - E_m$,并满足以下关系:

$$h\nu = E_n - E_m$$

式中普朗克常数 $h = 6.63 \times 10^{-34}$ J·s。

如初始能量为零的电子在电位差为 U_0 的加速电场中运动,则电子可获得的能量为 eU_0;如果加速电压 U_0 恰好使电子能量 eU_0 等于原子的临界能量,即 $eU_0 = E_2 - E_1$,则 U_0 称为第一激发电位,或临界电位。测出这个电位差 U_0,就可求出原子的基态与第一激发态之间的能量差 $E_2 - E_1$。

原子处于激发态是不稳定的会自发地回到基态,并以电磁辐射的形式放出以前所获得的能量,其频率可由关系式 $h\nu = eU_0$ 求得。在玻尔发表原子模型理论的第二年(1914 年),夫兰克(James Franck,1882—1964) 和赫兹(Gustav Hertz,1887—1975) 参照勒纳德创造的反向电压法,用慢电子与稀薄气体原子(Hg;He) 碰撞,经过反复试验,获得了图 1-2-2 的曲线。

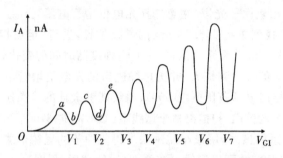

图 1-2-2　夫兰克-赫兹管的 I_A - V_{GK} 曲线

1915 年玻尔指出实验曲线中的电位正是他所预言的第一激发电位,从而为玻尔的能级理论找到了重要实验依据。这是物理学发展史上理论与实验良性互动的一个极好例证。夫兰克及赫兹因此而同获 1925 年诺贝尔物理学奖。

一、实验目的

(1) 测定氩原子第一激发电位。
(2) 了解实验的设计思想和方法。
(3) 证明原子能级的存在,加深对原子结构的了解。

二、实验原理

实验原理如图 1-2-3 所示,在充氩的夫兰克-赫兹管中,电子由阴极 K 发出,阴极 K 和第一栅极 G1 之间的加速电压 V_{G1K} 及与第二栅极 G2 之间的加速电压 V_{G2K} 使电子加速。在板极 A 和第二栅极 G2 之间可设置减速电压 V_{G2A},管内空间电压分布见图 1-2-4。

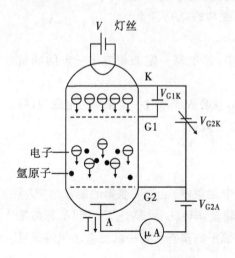

图 1-2-3　夫兰克-赫兹原理图

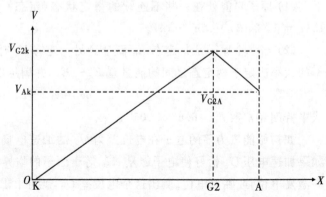

图 1-2-4　夫兰克-赫兹管内空间电位分布原理图

注意:第一栅极 G1 和阴极 K 之间的加速电压 V_{G1K} 约 2 V,用于消除空间电荷对发射电子的影响。

当灯丝加热时,阴极被灯丝灼热而发射电子,电子在 G1 和 G2 间的电场作用下被加速而取得越来越大的能量。但在起始阶段,由于电压 V_{G2K} 较低,电子的能量较小,即使在运动过程中,它与原子相碰撞(为弹性碰撞)的能量交换非常微小,此时可认为它们之间没有能量交换。这样,穿过第二栅极的电子所形成的电流 I_A 随第二栅极电压 V_{G2K} 的增加而增大(见图 1-2-2 Oa 段)。

当 V_{G2K} 达到氩原子的第一激发电位时,电子在第二栅极附近与氩原子相碰撞(此时产生非弹性碰撞)。电子把从加速电场中获得的全部能量传递给氩原子,使氩原子从基态激发到第一激发态,而电子本身由于把全部能量传递给了氩原子,它即使穿过第二栅极,也不能克服反向拒斥电压而被折回第二栅极。所以阳极电流 I_A 将显著减小(见图 1-2-2 ab 段)。氩原子在第一激发态不稳定,会跃迁回基态,同时以光量子形式向外辐射能量。以后随着第二栅极电压 V_{G2K} 的增加,电子的能量也随之增加,与氩原子相碰撞后还留下足够的能量,这就可以克服拒斥电压的作用力而到达阳极 A,这时电流又开始上升(见图 1-2-2 bc 段),直到 V_{G2K} 是 2 倍氩原子的第一激发电位时,电子在 G2 与 K 间又会因第二次非弹性碰撞失去能量,因而又造成了第二次阳极电流 I_A 的下降(见图 1-2-2 cd 段),这种能量转移随着加速电压的增加而呈周期性的变化。若以 V_{G2K} 为横坐标,以阳极电流值 I_A 为纵坐标就可以得到谱峰曲线,两相邻谷点(或峰尖)间的加速电压差值,即为氩原子的第一激发电位值。

这个实验就说明了夫兰克-赫兹管内的电子缓慢地与氩原子碰撞,能使原子从低能级被激发到高能级,通过测量氩的第一激发电位值(这是一个定值,即吸收和发射的能量是完全确定,不连续的),也就是说明了原子内部存在着不连续的能级,即玻尔原子能级的存在。

三、实验步骤

(1) 拨动电源开关,接通电源,点亮数码管,将手动-自动切换开关,按至"手动"位置,逆时针方向旋动"扫描幅度调节"旋钮到最小位置,预热 3 min 后开始做实验。

(2) 将电压分档切换开关拨到"5 V"档,旋转"5 V"调节旋钮,使电压读数为 2 V。这时阴极至第一栅极电压 V_{G1K} 为 2 V。

(3) 将电压分档切换开关拨到"15 V",旋转"15 V"调节旋钮,使电压读数为 7.5 V。这时阳极至第二栅极电压 V_{G2A}(拒斥电压)为 7.5 V。

(4) 将电压分档切换开关拨到"100 V",旋转"100 V"调节旋钮,使电压读数为 0 V。这时阳极至第二栅极电压 V_{G2A}(加速电压)为 0 V。

(5) 将电流显示选择波段开关切换到合适的档,并调节调零旋钮使电流显示指示为零。

步骤(2)～(5)为实验前准备步骤,灯丝电压(3.0 V)V_{G1K}(2 V)V_{G2A}(7.5 V),为本装置实验建议采用的电压值。

(6) 将手动-自动切换开关,按至"手动"位置,旋转 0～100 V(V_{G2A})旋钮,同时观察电流表、电压表读数的变化,并根据电流表的数值大小调节好"电流显示选择"档位,随着加速电压的增加,电流表的值出现周期性峰值和谷值,记录相应的电压,电流值,以输出电流为纵坐标,加速电压为横坐标,可以作出谱峰曲线。

(7) 将手动-自动切换开关,按至"自动"位置,示波器-微机开关按至"示波器"位置,并将示波器接口 X,Y 插座分别用专用连接电缆与示波器的 X,Y 插座连接起来,并将示波器上的扫描范围波段开关置于"外 X"档,打开示波器电源开关,调节示波器 Y 移位、X 移位旋钮,使扫描基线位于显示屏下方,调节"X 增益"电位器,使扫描基线为 10 格(双踪示波器可将功能选择开关调至 X－Y 工作方式)。顺时针方向旋转主机"扫描幅度调节"旋钮,观察示波器显示屏上出现的波形,调节示波器衰减 Y 增益及 X 增益,使波形清晰。Y 轴幅度适当,把扫描电位器顺时针旋到底,扫描电压最大为 110 V,量出相邻两峰值间的水平距离,即可得到氩原子第一激发电位的值。

(8) 在保持原有的设置参数条件下,将手动－自动切换开关,按至"自动"位置,示波器－微机开关按至"微机"位置,在实验仪未通电的情况下,用九针电缆分别连接夫兰克－赫兹实验仪接口和显示计算机之间的串口,连接与断开串口连线时,严禁通电操作。运行实验软件,适当旋转"扫描幅度调节"旋钮,点击"开始采集"或"重新采集"图标,可看到界面生成坐标线,同时电压、电流显示窗口动态显示电压值、电流值的变化大小,表示数据经通信端口已正常传输至计算机。

(9) 当数据正常传输至计算机后,界面上有一红色波形逐渐形成。如果波形和界面不匹配,可以调整"电流显示选择"波段开关的位置,并在"坐标设置"处调整电压或电流数值的比例大小,直到图形正常。未按停止按钮,每个周期生成的波形将重复绘出并重叠在一起。如果要生成一个单周期的完整图,可根据电压动态窗口数据由大变小时,按"重新测量"图标,原画面自动清除并重新记录,再由大变小时,按"停止测量"图标,数据停止采集。将鼠标点到曲线各个峰并记录峰值大小,计算各峰值之间的电势差,并将各峰峰值之间的电势差的平均值填写到"实验结果"中去。

用计算机作图改变了人工画图的速度慢、不准确等缺点,还可以将各次实验结果全画出来,比较多次测量的图形的一致性。

四、注意事项

(1) 实验中(手动档)电压加到 60 V 以后,要注意电流输出指示,当电流表指示突然骤增,应立即减小电压,以免管子损坏。

(2) 实验过程中如要改变第一栅极与阴极(V_{G1K})和第二栅极与阳极(V_{G2A})之间的电压及灯丝电压时,要将 0～100 V 旋钮逆时针旋到底,再行改变以上电压值。

(3) 本实验灯丝电压分别可以设为 3 V,3.5 V,4 V,4.5 V,5 V,5.5 V,6.3 V,可以在不同的灯丝电压下重复上述实验。如果发现波形上端切顶,则阳极输出电流过大,引起放大器失真,应减少灯丝电压。

五、思考题

(1) 从实验曲线看为什么阳极电流 I_A 并不突然改变,每个峰和谷都有圆滑的过渡?

(2) 汞原子核外有多少个电子?写出汞原子在基态时和第一激光器发态时的电子组态。

(3) 现有夫兰克－赫兹管,管内充有某种未知元素,不过该元素是下列表格元素中的一种,请设计一个实验方案确定夫兰克－赫兹管内的元素。

钠	钾	锂	镁	氦	氖	氩
2.12 V	1.63 V	1.84 V	3.20 V	21.2 V	18.6	13.1 V

1－3　塞曼效应

塞曼效应实验是物理史上一个著名的实验。荷兰物理学家皮特尔塞曼(Pieter. Zeeman)于1896 年发现：当光源置于外磁场中时，光源发出的每一条光谱线将分裂成几条波长相差很小的偏振化谱线。塞曼的这个发现，很快由洛仑兹(H. A. Lorentz)给出了理论解释，这个发现被称为塞曼效应。它证实了原子具有磁矩和磁矩具有空间量子化。可以用实验结果确定有关原子能级的几个量子数如磁量子数 M,J 和郎德因子 g 的值，有力地证明了电子自旋理论，洛仑兹和塞曼因此荣获了 1902 年度诺贝尔物理学奖。塞曼效应有正常塞曼效应和反常塞曼效应，是研究原子能级结构的重要方法之一。这一效应是继法拉第效应、克尔效应之后发现第三个磁场对光影响的例子，使得人们对物质的光谱，原子和分子有了更多的理解，也是三个实验"史特恩—盖拉赫实验、碱金属双线、塞曼效应"直接证明空间量子化提供了实验依据之一，在量子理论的发展中起了重要作用。

一、实验目的

(1) 学习观察塞曼效应的实验方法。

(2) 了解法布里-珀罗干涉仪的结构和原理及利用它测量微小波长差。

(3) 观察 Hg 灯的 546.1 nm 光谱线在外磁场作用下的塞曼分裂结果(分裂后子谱线的个数、子谱线间距、子谱线的相对强度、子谱线的偏振态)。

(4) 由塞曼裂距计算电子的荷质比 e/m 并和标准值比较。

二、实验原理

在原子物理中我们知道，原子中的电子不但有轨道运动，而且还有自旋运动。因此，原子中的电子一方面绕核作轨道运动(用角动量 P_L 表示)，一方面本身作自旋运动(用角动量 P_S 表示)，将分别产生轨道磁矩 μ_l 与自旋磁矩 $\boldsymbol{\mu}_S$，它们与角动量的关系是：

$$\mu_L = \frac{e}{2m}p_L, p_L = \sqrt{L(L+1)}\,\frac{h}{2\pi}$$

$$\mu_S = \frac{e}{m}p_S, p_S = \sqrt{S(S+1)}\,\frac{h}{2\pi} \tag{1-3-1}$$

式中，L,S 分别表示轨道量子数和自旋量子数；e,m 分别为电子的电荷和质量。

原子核有磁矩，但它比一个电子的磁矩要小三个数量级，故在计算单电子原子的磁矩时可以把原予核的磁矩忽略，只计算电子的磁矩。

对多电子原子，考虑到原子总角动量和总磁矩为零，故只对其原子外层价电子进行累加。由于角动量之间的相互作用，有 LS 耦合与 JJ 耦合，但大多数是 LS 耦合。对于两个电子，则 L_1、L_2 合成 L，S_1、S_2 合成 S，L,S 又合成 J。磁矩的计算可用矢量图来进行，如图 1-3-1 所示。

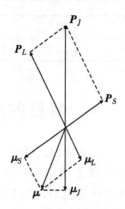

图 1-3-1　角动量和磁矩矢量图

由于 μ_S 与 P_S 的比值比 μ_L 与 P_L 的比值大一倍（见式（1-3-1）），因此合成的原子总磁矩不在总动量矩 P_J 的方向上。但由于 μ 绕 P_J 运动，只有 μ 在 P_J 方向的投影 μ_J 对外平均效果不为零。根据图 1-3-1 进行向量迭加运算，有 μ_J 与 P_J 的关系：

$$\mu_J = g\frac{e}{2m}P_J \qquad (1-3-2)$$

式中，g 称为郎德因子。对于 LS 耦合

$$g = 1 + \frac{J(J+1).L(L+1).S(S+1)}{2J(J+1)} \qquad (1-3-3)$$

所以只要知道原子态性质，就可以算出原子总磁矩；反之，从对原子磁性的研究，也可以提供有关原子态的线索。

由于 L,S 和 J 只能取整数与半整数，所以得出的 g 是一个简分数，它表征了原子的总磁矩与总角动量的关系，而且决定了能级在磁场中分裂的大小。

当原子处在外磁场 $\boldsymbol{B}$ 中的时候，在力矩 $\boldsymbol{L}=\boldsymbol{\mu}_J\times\boldsymbol{B}$ 的作用下，原子总角动量 $\boldsymbol{P}_J$ 和磁矩 $\boldsymbol{\mu}_J$ 绕磁场方向进动（见图 1-3-2）。

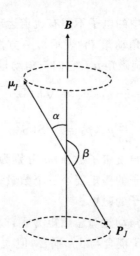

图 1-3-2　μ_J 和 p_J 的进动

产生原子磁矩与外磁场的相互耦合,赋予的耦合能量为

$$\Delta E = = -\mu_J B \cos\alpha = g \frac{e}{2m} P_J B \cos\beta \qquad (1-3-4)$$

其中角 α 和 β 的意义见图 $1-3-2$。

由于 P_J 或 μ_J 在磁场中的取向是量子化的,也就是 P_J 在磁场方向的分量是量子化的,P_J 的分量只能是 h 的整数倍。即

$$P_J \cos\beta = M \frac{h}{2\pi} \qquad M = J, (J-l), \cdots, -J \qquad (1-3-5)$$

其中 M 称为磁量子数,共有 $2J+1$ 个值。将式$(1-3-5)$ 代到式$(1-3-4)$

得：

$$\Delta E = Mg \frac{eh}{4\pi m} B = Mg\mu_B B \qquad (1-3-6)$$

$\mu_B = \frac{eh}{4\pi m}$,$\mu_B$ 称为波尔磁子。M 为磁量子数,是 J 在磁场方向上的量子化投影。由于 J 一定时,M 取值为 $-J, -J+1, \cdots, J-1, J$,即取 $2J+1$ 个数值,所以在外磁场中的每一个原子能级(由 J 表征,称为精细结构能级)都分裂为 $2J+1$ 个等间距的子能级(亦称磁能级),每个子能级的附加能量由式$(1-3-6)$决定,它正比于外磁场 B 和郎德因子 g。其间距由朗德因子 g 表征。

两精细能级中磁能级之间的跃迁得到塞曼效应,观察到的分裂光谱线,设某一谱线是由能级 E_2 和 E_1 间的跃迁产生的,则在该谱线的频率与能级差有如下关系：

$$h\nu = E_2 - E_1 \qquad (1-3-7)$$

在外磁场的作用下,上、下两能级分别分裂为 $2J_2+1$ 和 $2J_1+1$ 个子能级,附加能量分别为 ΔE_2 和 ΔE_1。则由能级间的跃迁而产生的新谱线的频率 $h\nu'$ 满足

$$h\nu' = (E_2 + \Delta E_2) - (E_1 + \Delta E_1) = (E_2 - E_1) + (\Delta E_2 - \Delta E_1)$$
$$= h\nu + (M_2 g_2 - M_1 g_1) \frac{he}{4\pi m} B \qquad (1-3-8)$$

与无磁场时的谱线相比,频率改变为

$$\nu' - \nu = (M_2 g_2 - M_1 g_1) eB / (4\pi m)$$

用波数表示为

$$\Delta\tilde{\nu} = \frac{\Delta\nu}{c} = \frac{\Delta E_2 - \Delta E_1}{hC} = (M_2 g_2 - M_1 g_1) \frac{eB}{4\pi mc} = (M_2 g_2 - M_1 g_1) L \qquad (1-3-9)$$

式中的 $L = \frac{eB}{4\pi mc}$ 称为洛仑兹单位。

跃迁时 M 的选择定则与谱线的偏振情况如下：

M 的选择定则是 $\Delta M = M_2 - M_1 = 0, \pm 1$,下标 2,1 分别代表始末能级(当 $\Delta J = 0$ 时,ΔM 被禁止)。

当 $\Delta M = 0$ 时,产生的偏振光为 π 成分。垂直于磁场观察时(横效应),线偏振光的振动方向平行于磁场。平行于磁场观察时,π 成分不出现。

当 $\Delta M = \pm 1$ 时,产生 σ 线。沿垂直于磁场方向观察时(横效应),σ 线为振动方向垂直于磁场的线振动光。沿磁场方向观察时,σ 线为圆偏振光。

(其中：$\Delta M = 0$ 的跃迁谱线称为 π 光线,$\Delta M = \pm 1$ 的跃迁谱线称为 σ 光线。)

在微观领域中,光的偏振情况是与角动量相关联的,在跃迁过程中,原子与光子组成的系

统除能量守恒外,还必须满足角动量守恒。$\Delta M = 0$,说明原子跃迁时在磁场方向角动量不变,因此 π 光是沿磁场方向振动的线偏振光。$\Delta M = +1$,说明原子跃迁时在磁场方向角动量减少一个 h,则光子获得在磁场方向的一个角动量 h,因此沿磁场指向方向观察,为反时针的左旋圆偏振光 σ^+,同理,$\Delta M = -1$ 可得顺时针的右旋圆偏振光 σ^-。

当垂直于磁场方向观察时(横效应),如偏振片平行于磁场,将观察到 $\Delta M = 0$ 的 π 分支线,如偏振片垂直于磁场,将观察到 $\Delta M = \pm 1$ 的 σ 分支线。而沿磁场方向观察时,将只观察到 $\Delta M = \pm 1$ 的左右旋圆偏振的 σ 分支线。如图 1 - 3 - 3 所示。

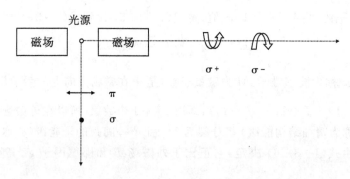

图 1 - 3 - 3　　与磁场方向平行和垂直分别观察到的 π 线和 σ 线

若原子磁矩完全由轨道磁矩所贡献,即 $S_1 = S_2 = 0$,$g_1 = g_2 = 1$,得到正常塞曼效应,波数差为

$$\Delta \tilde{v} = \frac{eB}{4\pi mc} = 4.67 \times 10^{-5} B \ (\text{cm}^{-1}) \tag{1 - 3 - 10}$$

通常情况两种磁矩同时存在,即 $S_1 = S_2 \neq 0$,$g_1 \neq 1$,$g_2 \neq 1$,称为反常塞曼效应,波数差为

$$\Delta \tilde{v} = (M_2 g_2 - M_1 g_1) \frac{eB}{4\pi mc} \tag{1 - 3 - 11}$$

正常塞曼效应是指那些谱线分裂为三条,而且两边的两条与中间的频率差正好等于 $\frac{eB}{4m\pi c}$,这能用经典理论给予很好的解释。但实际上大多数谱线的分裂多于三条,谱线的裂矩是 $\frac{eB}{4\pi mc}$ 的简单分数倍,称反常塞曼效应,它不能用经典理论解释,只有用量子理论才能得到满意的解释。

塞曼效应是中等磁场($B \approx 1$ 特斯拉)对原子作用产生的效应。这样的场强不足以破坏原子的 LS 耦合,当磁场较强(B 为几个特斯拉)时将产生帕型-拜克效应。磁场($B < 0.01$ 特斯拉)时则应考虑核自旋参与耦合。塞曼效应证实了原子具有磁矩与空间量子化。实验观测与理论分析的一致性是对磁量数选择定则的有效性的最好的实验证明,也是光子的角动量纵向分量有三个可能值(h, 0, $-h$)的最好证明。由塞曼效应的实验结果确定有关原子能级的量子数 M, J 与 g 因子值,可判断跃迁能级哪一个是上能级和另一个是下能级,并可计算出 L 与 S 的数值,这些确定均与实验所用原子无关,因而是考察原子结构的最有效的办法。

本实验所观察到的汞绿线,即 546.1 nm 谱线是能级 $7^3 s_1$ 到 $6^3 p_2$ 之间的跃迁。与这两能级及其塞曼分裂能级对应的量子数和 g, M, Mg 值以及偏振态列表 1-3-1。

表 1-3-1

原子态符号	7^3S_1	6^3P_2
L	0	1
S	1	1
J	1	2
g	2	3/2
M	1,0,-1	2,1,0,-1,-2
Mg	2,0,-2	3,3/2,0,-3/2,-3

在外磁场的作用下,能级间的跃迁如图 1-3-4 所示。

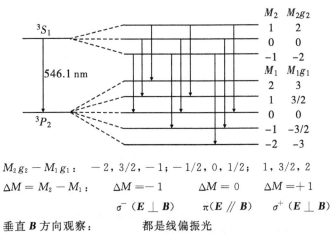

$M_2g_2 - M_1g_1$：　　-2, 3/2, -1; -1/2, 0, 1/2; 1, 3/2, 2

$\Delta M = M_2 - M_1$：　　$\Delta M = -1$　　　$\Delta M = 0$　　　$\Delta M = +1$

　　　　　　　　　σ^- $(E \perp B)$　　$\pi(E /\!/ B)$　　σ^+ $(E \perp B)$

垂直 B 方向观察：　　　都是线偏振光

平行 B 方向观察：左旋圆偏振光,无光,右旋圆偏振光

图 1-3-4　汞 546.1 nm 谱线的塞曼效应示意图

由图 1-3-4 可以看到,由于选择定则的限制,只允许 9 种跃迁存在,从横向角度观察,原 546.1 nm 光谱线分裂成 9 条彼此靠近的光谱线,如图 1-3-5 所示,其中包括 3 条 π 分量线(中心 3 条)和 6 条 σ 分量线。

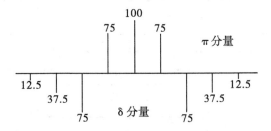

图 1-3-5　汞 546.1nm 光谱分裂后的光谱线

在观察塞曼分裂时,一般光谱线最大的塞曼分裂仅有几个洛伦兹单位,用一般棱镜光谱仪观察是困难的。因此,我们在实验中采用高分辨率仪器,即法布里-珀罗标准具(简称 F-P 标准

具）。

F－P标准具的原理及性能：

F－P标准具是由两块平面玻璃板中间夹有一个间隔圈组成。平面玻璃板的内表面加工精度要求高于1/30波长，内表面镀有高反射膜，膜的反射参高于90％，间隔圈用膨胀系数很小的石英材料加工成一定的长度，用来保证两块平面玻璃板之间精确的平行度和稳定的间距。

F－P标准具的光路图如图1－3－6所示，当单色平行光束S以小角度θ入射到标准具的M平面时，入射光束S经过M表面及M′表面多次反射和透射，形成一系列相互平行的反射光束，这些相邻光束之间有一定的光程差Δl，这一系列互相平行并有一定光程差的光束在无穷远处须用透镜会聚在透镜的焦平面上发生干涉，光程差为波长整数倍时产生干涉极大值。

$$\Delta l = 2nd\cos\theta = k\lambda \tag{1-3-12}$$

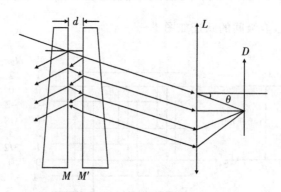

图1－3－6　标准具光路

d为两平板之间的间距，n为两平板之间介质的折射率（标准具在空气中使n＝1），θ为光束入射角，k为整数，称为干涉序。由于标准具的间距d是固定的，在波长λ不变的条件下，不同的干涉序k对应不同的入射角θ。在扩展光源照明下，F－P标准具产生等倾干涉，它的干涉花纹是一组同心圆环，如图1－3－7所示。

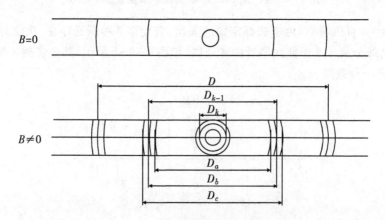

图1－3－7　干涉圆环直径测量示意图

由于标准具是多光束干涉，干涉花纹的宽度是非常细锐的，花纹越细锐表示仪器的分辨能力越高，这里介绍两个描述仪器性能的特征常数。

1. 自由光谱区 $\Delta\lambda_R$ 或 $\Delta\nu_R$ (色散范围)

考虑两个具有微小波长差的单色光 λ_1 和 λ_2 入射到标准具上,若 $\lambda_2 > \lambda_1$,根据式 (1-3-12),对于同一干涉序 k,λ_1 和 λ_2 的极大值对应不同的入射角 θ_1 和 θ_2,且 $\theta_1 > \theta_2$,产生两套园环条纹,即波长较长的成份在里圈,而较短的成份在外围。如果 λ_1 和 λ_2 之间的波长差逐渐加大,使得 λ_1 的 N 序花纹与 λ_2 的 $k-l$ 序花纹重叠,有

$$N\lambda_1 = (k-1)\lambda_2$$

则
$$\lambda_2 - \lambda_1 = \lambda_2/k \tag{1-3-13}$$

由于 k 是很大的数目,可用中心花纹的序数代替,并用 λ 代替右边的 λ_2 得

$$\lambda_2 - \lambda_1 = \frac{\lambda^2}{2d} = \Delta\lambda_R \tag{1-3-14}$$

$\Delta\lambda_R$ 是标准具的色散范围。以上二式为自由光谱区定义,也就是标准具的色散范围。它表征了标准具所允许的不同波长的干涉花纹不重序的最大波长差。若被研究的谱线差大于仪器的色散范围时,两套花纹之间就要发生重迭或错序。因此在使用标准具时,要根据研究对象的光谱范围来选择仪器的色散范围。

例　若 F-P 标准具的间距 $d = 5$ mm,对 500 nm 而言,$\Delta\nu_R = 0.025$ nm,可见 F-P 标准具只能研究很狭窄光谱范围的对象。

(2) 标准具的精细度 F(或叫分辨本领):

$$F = \frac{\Delta\lambda_R}{\delta\lambda} = \frac{\pi\sqrt{R}}{1-R} \tag{1-3-15}$$

$\delta\lambda$ 是标准具能分辨的最小波长差。R 为 F-P 板内表面的反射率。精细度的物理意义是相邻两个干涉序花纹之间能够被分辨的干涉花纹的最大数目。精细度只依赖于反射膜的反射率,反射率愈高,精细常数愈大,仪器能够分辨的条纹数愈多,也就是仪器分辨本领愈高。

实际上 F-P 板内表面加工精度有一定的误差,以及反射膜不均匀等因素影响。往往使仪器的实际精细常数比理论值要小。

2. 用标准具测量谱线波长差公式

用透镜把 F-P 板的干涉条纹成像在焦平面上,条纹的入射角 θ 与花纹的直径 D 有如下关系:

$$\theta = \frac{f}{\sqrt{f^2 - \left(\frac{D}{2}\right)^2}} \approx 1 - \frac{D^2}{8f^2} \tag{1-3-16}$$

式中, f 为透镜焦距,将式(1-3-16)代到式(1-3-11)中得

$$2d\left[1 - \frac{D^2}{8f^2}\right] = k\lambda \tag{1-3-17}$$

由上式可见,干涉序 k 与花纹的直径平方(D^2)成线性关系,随着花纹直径增大花纹越来越密,如图 1-3-6 所示。式(1-3-17)左边第二项的负号表明直径越大的干涉环,干涉序 k 越小。同理对于同序的干涉环,直径大,波长小。

对同一波长,相邻两序 k 和 $k-1$ 花纹的直径平方差表示得

$$\Delta D^2 = D^2{}_{k-1} - D^2{}_k = \frac{4f^2\lambda}{d} \tag{1-3-18}$$

可见 ΔD^2 是与干涉序 k 无关的常数。对同一序不同波长，λ_a 和 λ_b 的波长差关系为

$$\lambda_a - \lambda_b = 4df^2k(D_b^2 - D_a^2) = \frac{\lambda}{k} \cdot \frac{D_b^2 - D_a^2}{D_{k-1}^2 - D_k^2} \quad (1-3-19)$$

测量时所用的干涉花纹只是在中心花纹附近的几序。考虑到标准具间隔圈长度比波长大得多，中心花纹的干涉序是很大的，因此用中心花纹的干涉序代替被测花纹的干涉序，引入的误差可以忽略不计，即

$$k = 2d/\lambda \quad (1-3-20)$$

将式$(1-3-20)$代入到式$(1-3-19)$中得：

$$\lambda_a - \lambda_b = \frac{\lambda^2}{2d} \cdot \frac{D_b^2 - D_a^2}{D_{k-1}^2 - D_k^2} \quad (1-3-21)$$

用波数表示：

$$\nu_b - \nu_a = \frac{1}{2d} \cdot \frac{D_b^2 - D_a^2}{D_{k-1}^2 - D_k^2} \quad (1-3-22)$$

式$(1-3-21)$，式$(1-3-22)$就是实验中计算 $\Delta\lambda$ 和 ΔV 的公式。

$$\Delta\lambda = \lambda_a - \lambda_b$$
$$\Delta\nu = \nu_a - \nu_b$$

其中 $$D_a = D_k \text{ 或 } D_b = D_k$$

电子荷质比的值，可由下式表示：

$$\frac{e}{m} = \frac{2\pi c}{dB} \frac{(D_b^2 - D_a^2)}{(D_{k-1}^2 - D_k^2)} \quad (1-3-23)$$

实验是观察 $5461A$ 谱线$(6S7S^3S_1 - 6S6P^3P_2)$的塞曼分裂。做实验前，应把上述谱线的塞曼分裂能级图及符合选择定则的谱线用图表画出来。

附：法布里-珀罗标准具镜片平行度的调整方法

法布里-珀罗标准具的两块镜片是用三个固定间隔块相隔，在一片镜片的背后有三只弹簧压紧螺丝，用以微调两片平面镜的平行度，顺时针方向转动螺丝时，将在这一方向上缩小两镜片之间的距离。

因为两镜面之间的平行度要求是很高的，因此实验时应该仔细调整，方法如下：

用单色光照明标准具，可以观察到一组同心干涉圆环。当眼睛向上移动时，如果看到干涉圆环从中心"冒出来"，或者中心处的圆环向外扩大，这表明两镜面在上方的间距偏大，应顺时针方向转动上方的弹簧压紧螺丝，缩小上方的间距；反之，则应逆时针方向转动上方的弹簧压紧螺丝，依次在三个弹簧压紧螺丝的方向上，按照上述方法反复调整，直到干涉圆环不随眼睛的移动而变化。

三、实验步骤

（1）打开开关，点亮汞灯，调整透镜、干涉滤光片座和 F-P 标准具座，使它们与光源等高同轴，让光线能完全进入 CCD 摄像。

（2）打开计算机，运行"塞曼效应智能分析软件"，并单击"预览"按钮，仔细调节透镜、干涉滤光片、F-P 标准具等相互之间的位置和 CCD 摄像的聚焦及光圈直至在屏幕中能看到又清晰又细的圆环条纹，加磁场 B 时，至少能清楚分辨出二级以上分裂条纹。保存"磁场 $B=0$ 时"的谱线圆环条纹图。

（3）打开磁场开关，加上电流至能看到分裂的九条谱线，用特斯拉计测得磁场值，且保存"$B>0$ 时，9 条"的谱线图。

（4）旋转偏振片，将分别看到 π 分量的 3 条谱线和 a 分量的 6 条谱线。保存"$B>0$ 时，π 分量的 3 条"及"$B>0$ 时，a 分量的 6 条"的谱线图。

（5）利用智能分析软件可对谱线进行分析，计算出电子荷质比的实验值和原谱线与它相邻的 π 谱线的波长差，重复测量三次，计算出电子的荷质比值 e/m，并与基本物理常数 1986 年推荐值：$e/m=-1.7588196\times10^{11}C/kg$ 相比较。分析误差的来源。

四、注意事项

（1）法布里-珀罗标准具等光学元件应避免沾染灰尘、污垢和油脂，还应该避免在潮湿、过冷、过热和酸碱性蒸汽环境中存放和使用。

（2）光学零件的表面上如有灰尘可以用橡皮吹气球吹去。如表面有污渍可以用脱脂、清洁棉花球蘸酒精、乙醚混合液轻轻擦拭。

（3）电磁铁在完成实验后应及时切断电源，以避免长时间工作使线圈积聚热量过多而破坏稳定性。

（4）汞灯放进磁隙中时，应该注意避免灯管接触磁头。

笔型汞灯工作时会辐射出紫外线，所以操作实验时不宜长时间眼睛直视灯光；另外，应经常保持灯管发光区的清洁，发现有污渍应及时用酒精或丙酮擦洗干净。

汞灯工作时需要很高电压，所以在打开汞灯电源后，不要接触后面板汞灯接线柱，以免对人造成伤害。

（5）不要把 CCD 摄像机暴露在日光直射、雨天或者灰尘大的恶劣环境中。

（6）严禁用手直接清洁 CCD 感光器，必要时可以用软布浸上酒精擦洗；

（7）使用 CCD 摄像机时，注意轻拿轻放，避免强烈震动或跌落。

五、思考题

1. 什么叫塞曼效应、正常塞曼效应、反常塞曼效应？
2. 反常塞曼效应中光线的偏振性质如何？并加以解释。
3. 试画出汞的 435.8nm 光谱线（$^3S_1-^3P_1$）在磁场中的塞曼分裂图。
4. 垂直于磁场观察时，怎样鉴别分裂谱线中的 π 成分和 σ 成分？
5. 画出观察塞曼效应现象的光路图，叙述各光学器件所起的作用。
6. 如何判断 F-P 标准具已调好？
7. 什么叫 π 成分、σ 成分？在本实验中哪几条是 π 线？哪几条是 σ 线？
8. 叙述测量电子荷质比的方法。
9. 在本实验中，标准具中空气的状态参量是固定的，并且认为 $N=1$。如果将标准具密封，并且使其中的气体压强缓慢增加，试预测干涉花样的变化及其规律。

1-4　激光拉曼散射实验

拉曼散射（Raman scattering），也称拉曼效应，1928 年由印度物理学家拉曼发现，指光波在被散射后频率发生变化的现象。1930 年诺贝尔物理学奖授予当时正在印度加尔各答大学工作的拉曼，以表彰他研究了光的散射和发现了以他的名字命名的定律。

当光照射到物质上时会发生散射，散射光中除了与激发光波长相同的弹性成分（瑞利散射）外，还有比激发光的波长长的和短的成分，后一现象统称为拉曼效应。由分子振动、固体中的光学声子等元激发与激发光相互作用产生的非弹性散射称为拉曼散射，一般把瑞利散射和拉曼散射合起来所形成的光谱称为拉曼光谱。拉曼散射非常弱，强度大约为瑞利散射的千分之一。在激光器出现之前，为了得到一幅完善的光谱，往往很费时间。激光器的出现使拉曼光谱学技术发生了很大的变革。因为激光器输出的激光具有很好的单色性、方向性，且强度很大，因而它们成为获得拉曼光谱近乎理想的光源。

拉曼光谱是研究分子振动，转动及分子几何形状，确定各种官能团和化学键位置和定量分析复杂混合物的重要手段，本实验主要通过记录 CCl_4 分子的振动拉曼谱，学习和了解拉曼散射的基本原理、拉曼光谱实验及分析方法。

一、实验目的

（1）了解拉曼散射的基本原理及分析方法。

（2）了解激光拉曼谱仪的各主要部件的结构和性能。

（3）掌握测定样品（CCl_4）的基本参数的设定与操作要领。

（4）测定样品的拉曼谱，并分析。

二、实验原理

当波数为 ν_0 的单色光入射到介质上时，除了被介质吸收、反射和透射外，总会有一部分光被散射（图 1 - 4 - 1）。按散射光相对于入射光波数的改变情况，可将散射光分为三类：第一类，由某种散射中心（分子或尘埃粒子）引起，其波数基本不变或变化小于 10^{-5} cm^{-1}，这类散射称为瑞利（Rayleigh）散射；第二类，由入射光波场与介质内的弹性波发生相互作用而产生的散射，其波数变化大约为 0.1 cm^{-1}，称为布里渊（Brillouin）散射；第三类是波数变化大于 1 cm^{-1} 的散射，相当于分子转动、振动能级和电子能级间跃迁范围，这种散射现象在实验上是 1928 年首先由印度科学家拉曼（C. V. Raman）和前苏联科学家曼杰斯塔姆发现的，因此称为拉曼散射。从散射光的强度看，瑞利散射最强，但一般也只有入射光强的 $10^{-3} \sim 10^{-5}$；拉曼散射光最弱，仅为总散射光强度的 $10^{-6} \sim 10^{-10}$。因此，为了有效地记录到拉曼散射，要求有高强度的入射光去照射样品。目前拉曼光谱实验的光源已全部使用激光。

激光照射样品，用光电记录法得到的振动拉曼光谱（图 1 - 4 - 2）。其中最强的一支光谱和入射光的波数相同，是瑞利散射。此外还有几对较弱的谱线对称地分布在 ν_0 两侧，其拉曼位移（即散射光频率与激发光频之差）$\Delta\nu = \nu_0 - \nu_s < 0$ 的散射谱为红伴线或斯托克斯（Stockes）线，而 $\Delta\nu = \nu_0 - \nu_{as} < 0$ 的散射谱为紫伴线或反斯托克斯（anti - Stockes）线。拉曼散射光谱具有以下明显的特征：

（1）拉曼散射谱线的波数虽然随入射光的波数而不同，但对同一样品，同一拉曼谱线的位移 $\Delta\nu$ 与入射光的波长无关

$$\Delta\nu = \frac{\Delta E}{h}$$

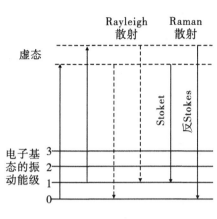

图 1-4-1 瑞利散射和拉曼散射

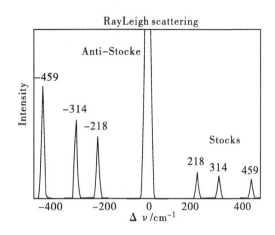

图 1-4-2 CCl4 拉曼光谱

对于拉曼散射来说,拉曼位移 $\Delta\nu$ 只取决于分子振动能级的改变,光子失去的能量与分子得到的能量相等为 ΔE 反映了指定能级的变化,因此拉曼位移 $\Delta\nu$ 也是特征的,与之相对应的光子频率也是具有特征性的,根据光子频率变化就可以判断出分子中所含有的化学键或基团。这就是拉曼光谱可以作为分子结构的分析工具的理论依据。

在以波数为变量的拉曼光谱图上,斯托克斯和反斯托克斯线对称地分布在瑞利散射线两侧。

(2) 一般情况下,斯托克线比反斯托克斯的强度大。

(3) 拉曼光谱与红外光谱的关系:拉曼光谱与红外光谱同属分子振(转)动光谱。红外光谱适用于研究不同原子的极性键振动,而拉曼光谱适用于研究同原子的非极性键振动。在做结构分析时常用拉曼谱与红外谱互补,该两光谱遵循互排法则和互允法则。

互排法则:有对称中心的分子其分子振动,对红外和拉曼之一有活性,则另一非活性;

互允法则:无对称中心的分子其分子振动,对红外和拉曼都是活性的。

(4) 退偏比:实验所测样品中,尤其是在液态与气态的介质中,分子的取向是无规则分布的。一般情况下,如入射光为平面偏振光,散射光的偏振方向可能与入射光不同,而且还可能变为非完全偏振的。这一现象称为散射光的"退偏"。散射光的退偏往往与分子结构和振动的对称性有关。拉曼散射光的偏振性完全取决于极化率张量。非对称振动的分子,极化率张量是一个椭球,会随着分子一起翻滚,振荡的诱导偶极矩也将不断地改变方向。

为了定量描述散射光相对入射光偏振态的改变,引入退偏比的概念。退偏比 ρ 即为偏振方向垂直和平行于入射光偏振方向的散射光强之比,即在入射激光的垂直与平行方向置偏振器,分别测得散射光强,则退偏比为:$\rho = \dfrac{I_\perp}{I_{\parallel}}$,对称分子 $\rho = 0$,非对称分子 ρ 介于 0 到 3/4 之间,ρ 值越小,分子对称性越高。图 1-4-3 为 $\Delta\nu = 500\ \text{mn}^{-1}$ 以下的四氯化碳谱图。

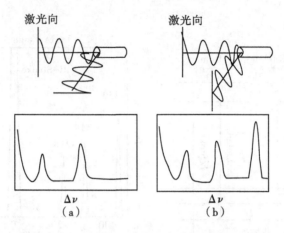

图 1-4-3 $\Delta\nu = 500\ mn^{-1}$ 以下的四氯化碳谱图

三、实验仪器

LRS 型拉曼光谱仪、被测量样品等。

【拉曼光谱仪仪器结构】

拉曼光谱仪可分为 5 个部分:激光光源、样品室、分光系统、光电探测系统、记录仪和计算机。如图 1-4-4 所示。

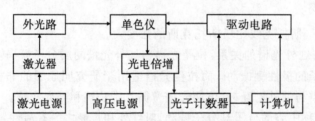

图 1-4-4 拉曼光谱仪结构示意图

(1)外光路系统如图 1-4-5 所示。

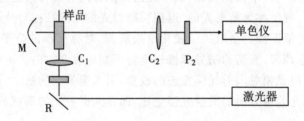

图 1-4-5 外光路系统示意图

(2)单色仪。由于拉曼光谱极弱,通常是激发光强的 10^{-6} 以下,极易被周围环境散射光,背景荧光及光谱仪器杂散光所淹没,因此拉曼光谱仪的单色仪光学性能必须非常好。如图 1-4-6 所示。

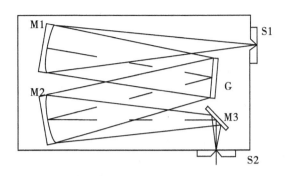

图 1-4-6 单色仪的光学结构示意图

（3）探测系统。由于拉曼光谱极弱，通常是激发光强的 10^{-6} 以下，比光电倍增管本身的热噪声水平还要低，一般单光子计数器来探测。（此部分内容见单光子计数器实验）。

（4）光学原理图如图 1-4-7、图 1-4-8 所示。

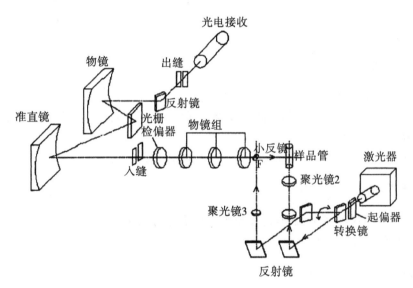

图 1-4-7 拉曼光谱仪光学原理图

【操作要领】

（1）操作规程：① 打开激光器，并调节到较大值以便利于散射；② 调节外光路；③ 打开拉曼仪的电源开关；④ 然后打开电脑，启动应用程序；⑤ 通过阈值窗口选择适当的阈值；⑥ 设置阈值、积分时间及其他参数；⑦ 扫描；⑧ 处理数据、储存打印；⑨ 关闭程序；⑩ 关闭仪器电源；⑪ 关闭激光器电源。

（2）外光路的调节：通过调节底座平面反射镜、样品池，使散射激光束能顺利地进入入射狭缝；然后调节会聚透镜使激光束的束腰会聚在样品中央，调节反射球面镜以便在狭缝处能得到最强的会聚光。放入衰减波片，使瑞利散射光能够较好地衰减掉，细调光路，选择最佳实验条件，如狭缝、波长扫描范围、工作状态中的阈值，积分时间等，以便得到较好的拉曼光谱图。

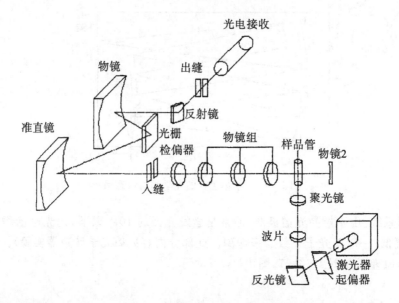

图 1-4-8　正入射光学原理图

四、实验内容

（1）完整记录 CCl_4 分子的振动拉曼光谱。

（2）在光谱图上标出各谱线的波间距及相对强度，根据它们的强度差别，辨认各谱线所对应的简正振动类型。

（3）记录 CCl_4 分子的振动拉曼偏振谱，求出各线的退偏比。

五、注意事项

（1）本实验所用仪器精密复杂，请在教师指导下进行操作。

（2）严格按照操作规程操作。

六、附录　分子的振动

由 N 个原子组成的分子具有 $3N$ 个自由度。由于分子质心有 3 个平移自由度，非线性分子有 3 个转动自由度，因此其余 $3N-6$ 个自由度是描述分子中的原子振动的。分子内原子的振动很复杂，但是总可以根据运动的分解和叠加原理吧分子的振动分解为 $3N-6$ 种独立的振动，称为"简正振动"。可以用"简正坐标"描述简正振动，$3N-6$ 中简正振动的简正坐标为（$q_1, q_2, \cdots, q_i, \cdots, q_{3N-6}$）。每个简正坐标都以它对应的简正频率振动着，

$$q_i = Q_i \cos(\omega_i t + \varphi_1), i = 1, 2, \cdots, 3N-6 \tag{1}$$

四氯化碳的分子式为 CCl_4，平衡时它的分子式一正四面体结构，碳原子处于正四面体的中央。四个氯原子处于四个不相邻的顶角上，如图 1-4-9 所示，中间的 A 原子即为碳原子。它共有九个振动自由度，一个任意的振动可以分解成九种简正振动。

（1）四个 Cl 原子沿各自与 C 的连线同时向内或向外运动（呼吸式），振动频率相当于波数 $V = 458/cm$（为了叙述方便，记为振动模式 1）。

（2）四个 Cl 原子沿垂直于各自与 C 原子连线的方向运动并且保持重心不变，又分两种，在

一种中，两个 Cl 在它们与 C 形成的平面内运动；在另一种中，两个 Cl 垂直于上述平面而运动，由于两种情形中力常数相同，振动频率是简并的，相当于波数 $\nu = 218/cm$（记为振动模式 2）。

（3）C 原子平行于正方体的一边运动，四个 Cl 原子同时平行于改变反向运动，分子重心保持不变，频率相当于波数 $\nu = 776/cm$，为三重简并（记为振动模式 3）。

（4）两个 Cl 沿立方体一面的对角线作伸缩运动，另两个在对面做位相向反的运动，频率相当于波数 $\nu = 314/cm$，也是三重简并（记为振动模式 4）。

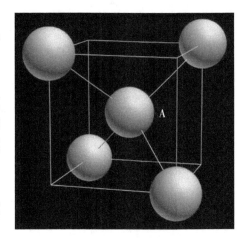

图 1 - 4 - 9　四氯化碳分子结构

第 2 章

X 射线系列实验

2-0 引 言

1895 年伦琴(W. C. Röntgen)在用克鲁克斯管研究阴极射线时,发现了一种人眼不能看到,但可以使铂氰化钡屏发出荧光的射线,称为 X 射线。X 射线具有很强的穿透物质的本领。X 射线在电场磁场中不偏转,说明 X 射线是不带电荷的粒子流。1912 年劳厄(M. Von Laue)等人发现了 X 射线在晶体中的衍射现象,证实了 X 射线本质上是一种波长很短的电磁辐射,其波长约为 10 nm 到 10^{-2} nm 之间,即 X 射线频率约为可见光的 10^3 倍,X 光子比可见光的光子能量大得多,表现出明显的粒子性。在物质的微观结构中,原子和分子距离(nm 数量级)正好和 X 射线的波长范围内。由于 X 射线波长与晶体中原子间的距离为同一数量级,因此 X 射线对物质的散射和衍射能传达丰富的物质微观结构方面的信息,是研究物质微观结构的有力工具。

特别提示:实验前请仔细阅读辐射防护知识。

辐射防护知识:X 射线装置在 X 射线管辐射中心区域产生的局部剂量率可能超过 10 Sv/h(安全剂量率:5 μSv/h 或 1 mSv/a),即使短时间照射,该剂量率也会对生命组织产生较严重的伤害。在装置外部,由于内置的防护装置和屏蔽限制局部剂量率小于 1 μSv/h,该值与天然本底辐射处于同一量级。

装置内部所产生的高计量率意味着使用者在操作 X 射线装置时要特别小心。

未经许可不得进入到装置内部。

开启该装置前,要检查设备的外罩,尤其是铅玻璃窗和包围 X 射线管的铅玻璃管是否完好,玻璃滑门应关闭良好。

测试两个安全保护电路能否正常工作。按下 X 射线仪滑动门的锁销时,要注意观察 X 射线管,确保其高压能自动切断。

不要将活的生物放入装置内。

不要让 X 射线管的阳极过热。

当装置工作时,应确保 X 射线管室的通风设备也在运转。

必须戴着手套后再进行样品的拿放。

2-1　X 射线在 NaCl 单晶中的衍射

一、实验目的

（1）了解 X 射线的产生、特点和应用。

（2）了解 X 射线管产生连续 X 射线谱和特征 X 射线谱的基本原理。

（3）研究 X 射线在 NaCl 单晶上的衍射，并通过测量 X 射线特征谱线的衍射角测定 X 射线的波长和 LiF 晶体的晶格常数。

二、实验原理

1. X 射线的产生和 X 射线的光谱

实验中通常使用 X 光管来产生 X 射线。在抽成真空的 X 光管内，当由热阴极发出的电子经高压电场加速后，高速运动的电子轰击由金属做成的阳极靶时，靶就发射 X 射线。发射出的 X 射线分为两类：① 如果被靶阻挡的电子的能量不越过一定限度时，发射的是连续光谱的辐射。这种辐射叫做轫致辐射。② 当电子的能量超过一定的限度时，可以发射一种不连续的、只有几条特殊的谱线组成的线状光谱，这种发射线状光谱的辐射叫做特征辐射。连续光谱的性质和靶材料无关，而特征光谱和靶材料有关，不同的材料有不同的特征光谱，这就是为什么称之为"特征"的原因。

（1）连续光谱。连续光谱又称为"白色"X 射线，包含了从短波限 λ_m 开始的全部波长，其强度随波长变化连续地改变。从短波限开始随着波长的增加强度迅速达到一个极大值，之后逐渐减弱，趋向于零（图 2-1-1）。连续光谱的短波限 λ_m 只决定于 X 射线管的工作高压。

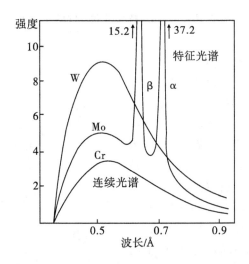

图 2-1-1　X 射线管产生的 X 射线的波长谱

（2）特征光谱。阴极射线的电子流轰击到靶面，如果能量足够高，靶内一些原子的内层电子会被轰出，使原子处于能级较高的激发态。图 2-1-2(b) 表示的是原子的基态和 K，L，M，N

等激发态的能级图,K层电子被轰出称为K激发态,L层电子被轰出称为L激发态,……,依次类推。原子的激发态是不稳定的,内层轨道上的空位将被离核更远的轨道上的电子所补充,从而使原子能级降低,多余的能量便以光量子的形式辐射出来。图2-1-2(a)描述了上述激发机理。处于K激发态的原子,当不同外层(L,M,N,…层)的电子向K层跃迁时放出的能量各不相同,产生的一系列辐射统称为K系辐射。同样,L层电子被轰出后,原子处于L激发态,所产生的一系列辐射统称为L系辐射,依次类推。基于上述机制产生的X射线,其波长只与原子处于不同能级时发生电子跃迁的能级差有关,而原子的能级是由原子结构决定的。

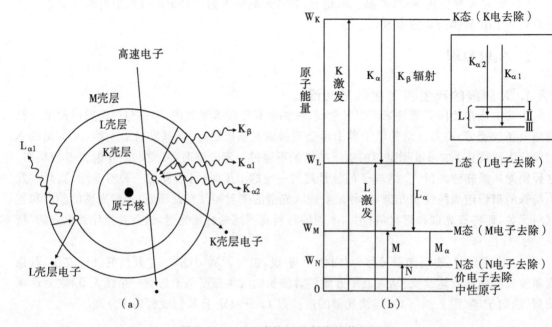

图 2-1-2　元素特征 X 射线的激发机理

2. X 射线在晶体中的衍射

　　光波经过狭缝将产生衍射现象。狭缝的大小必须与光波的波长同数量级或更小。对 X 射线,由于它的波长在 0.2nm 的数量级,要造出相应大小的狭缝观察 X 射线的衍射,就相当困难。冯·劳厄首先建议用晶体这个天然的光栅来研究 X 射线的衍射,因为晶体的晶格正好与 X 射线的波长属于同数量级。图2-1-3显示的是 NaCl 晶体中氯离子与钠离子的排列结构。下面讨论 X 射线打在这样的晶格上所产生的结果。

　　由图 2-1-4(a)可知,当入射 X 射线与晶面相交 θ 角时,假定晶面就是镜面(即布拉格面,入射角与出射角相等),那末容易看出,图

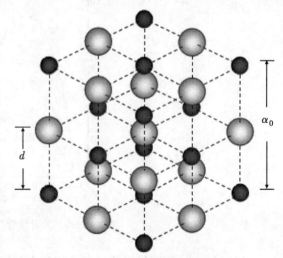

图 2-1-3　NaCl 晶体中氯离子与钠离子的排列结构

中两条射线 1 和 2 的光程差是 $\overline{AC}+\overline{DC}$,即 $2d\sin\theta$。当它为波长的整数倍时(假定入射光为单色的,只有一种波长)

$$2d\sin\theta = n\lambda, n = 1,2,\cdots \qquad \text{布拉格(Bragg)公式}$$

在 θ 方向射出的 X 射线即得到衍射加强。

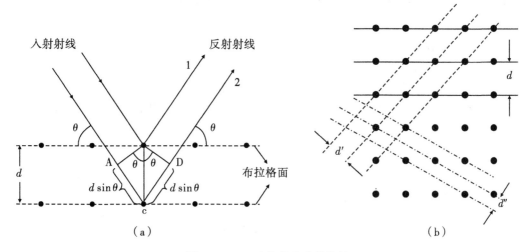

图 2 - 1 - 4　布拉格公式的推导

根据布拉格公式,既可以利用已知的晶体(d 已知)通过测 θ 角来研究未知 X 射线的波长;也可以利用已知 X 射线(λ 已知)来测量未知晶体的晶面间距。

三、实验装置

本实验使用 X 射线实验仪如图 2 - 1 - 5 所示。

该装置分为三个工作区:中间是 X 光管区,是产生 X 射线的地方;右边是实验区;左边是监控区。

X 光管的结构如图 2 - 1 - 6 所示。它是一个抽成高真空的石英管,其下面 1 是接地的电子发射极,通电加热后可发射电子;上面 2 是钼靶,工作时加以几万伏的高压。电子在高压作用下轰击钼原子而产生 X 射线,钼靶受电子轰击的面呈斜面,以利于 X 射线向水平方向射出。3 是铜块,4 是螺旋状热沉,用以散热。5 是管脚。

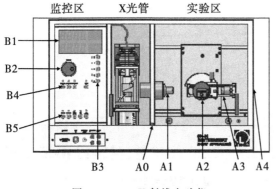

图 2 - 1 - 5　X 射线实验仪

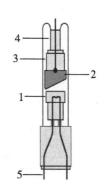

图 2 - 1 - 6　X 光管

实验区可安排各种实验。

A1 是 X 光的出口。

A2 是安放晶体样品的靶台。

A3 是装有 G—M 计数管的传感器，它用来探测 X 光的强度。

A2 和 A3 都可以转动，并可通过测角器分别测出它们的转角。

左边的监控区包括电源和各种控制装置。

B1 是液晶显示区。

B2 是个大转盘，各参数都由它来调节和设置。

B3 有五个设置按键，由它确定 B2 所调节和设置的对象。

B4 有扫描模式选择按键和一个归零按键。SENSOR— 传感器扫描模式；COUPLED— 耦合扫描模式，按下此键时，传感器的转角自动保持为靶台转角的 2 倍（见图 2-1-7）。

B5 有五个操作键，它们是：RESET，REPLAY，SCAN(ON/OFF)，◁ 是声脉冲开关，HV(ON/OFF) 键是 X 光管上的高压开关。

软件"X-ray Apparatus"的界面如图 2-1-8 所示。

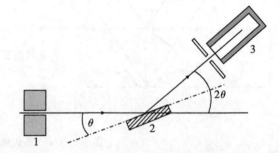

图 2-1-7　COUPLED 模式下靶台和传感器的角位置

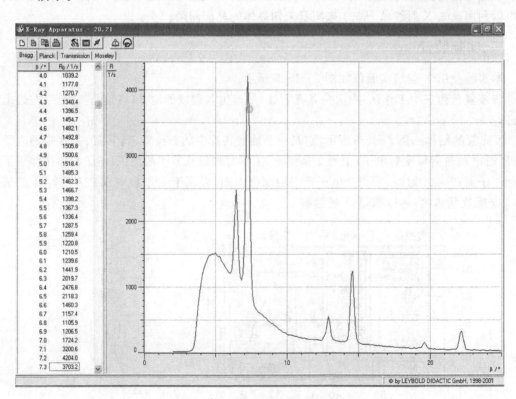

图 2-1-8　一个典型的测量结果画面

数据采集是自动的,当在 X 射线装置中按下"SCAN"键进行自动扫描时,软件将自动采集数据和显示结果。工作区域左边显示靶台的角位置 β 和传感器中接收到的 X 光光强 R 的数据;而右边则将此数据作图,其纵坐标为 X 光光强 R(单位是 1/s),横坐标为靶台的转角(单位是 °)。

四、预习思考题

(1) 了解由 X 射线管产生 X 射线的机制及连续 X 射线谱和特征 X 射线谱的含义。

(2) 观察和测量 X 射线的衍射为什么要使用晶体?

五、实验内容

1. 钼原子的 X 特征谱线

(1) 将 NaCl 放置在靶台上。操作时,必须戴一次性手套,首先将锁定杆逆时针转动,靶台锁定解除,把 NaCl 样品(平板)轻轻放在靶台上,向前推到底后将靶台轻轻向上抬起,确保样品被支架上的凸楞压住;最后顺时针轻轻转动锁定杆,使靶台锁定。

(2) 设置工作参数。高压 $U = 30$ kV,发射电流 $I = 1$ mA,$\Delta t = 6$ s,$\Delta \beta = 0.1$ 分别按 COUPLED 和 β limits 键设置靶的下限为 2.5°,上限 32.5°

启动管高压 HV(ON/OFF),按 SCAN 启动测量。

(3) 记录实验结果。测量结束后,调出程序中的 setting 对话框(F5),输入 NaCl 的 d 值($d = 282.01$ pm),此时图的横坐标由掠射角 θ 自动转变为波长 λ(pm)。记录各级衍射峰的中心值($\lambda(k_\alpha)$、$\lambda(k_\beta)$),并求出其平均值。

2. LiF 单晶晶格常数的测量

(1) 将 LiF 单晶放置在靶台上。操作方法同上述放置 NaCl 单晶。

(2) 设置工作参数。高压 $U = 30$ kV,发射电流 $I = 1$ mA,$\Delta t = 3$ s,$\Delta \beta = 0.1$ 分别按 COUPLED 和 β limits 键设置靶的下限为 3°,上限 10°

启动管高压 HV(ON/OFF),按 SCAN 启动测量。

(3) 记录实验结果。测量结束后,记录各级衍射峰的中心值($\theta(k_\alpha)$,$\theta(k_\beta)$),利用布拉格公式计算 LiF 的 d 值。

2－2　Mo 原子光谱的精细结构

一、实验目的

X 射线通过 NaCl 晶体产生衍射来研究钼阳极特征 X 射线的精细结构。

二、实验原理

实验装置见"X 射线在单晶中的衍射"实验的相关部分。

X 射线 K 系辐射包含 $K_{\alpha 1}$,$K_{\alpha 2}$,K_β 和 K_γ 等多条谱线,K_α 线是电子由 L 层跃迁到 K 层时产生的辐射,K_β 线则是电子由 M 层跃迁到 K 层时产生的,而 K_γ 线是电子由 N 层跃迁到 K 层时产生的。实际上 L,M 等能级又可分化成几个亚能级,依照选择法则,在能级之间只有满足 $\Delta I = \pm 1, \Delta j = 0, \pm 1$ 时跃迁才会发生。例如跃迁到 K 层的电子如果来自 L 层,则只能从 L_{II} 和 L_{III} 亚层跃迁过来(如图 2-2-1);如果来自 M 层,则只能从 M_{II} 及 M_{III} 亚层跃迁过来。所以,K_α 线就有 $K_{\alpha 1}$ 和 $K_{\alpha 2}$ 之分,K_β 线理论上也应该是双重的,但是 K_β 线的两根线中有一根非常弱,因此可以忽略。同样 K_γ 线也有双重的。

$K_{\alpha 1},K_{\alpha 2}$ 波长非常接近,相距约为 $\Delta\lambda = 0.43$ pm,如此小的波长差要如何测定呢? 由布拉格公式转化为:$\Delta\theta = \dfrac{n \cdot \Delta\lambda}{2 \cdot d \cdot cos\theta}$,知道 n 值取大点对测定 K_α 线的 $\Delta\lambda$ 有很大的帮助,准确性也会大些。

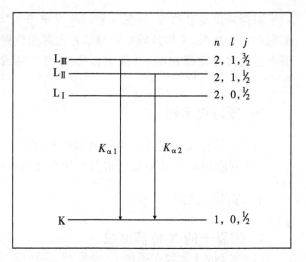

图 2-2-1　产生 K_α 双线的能级示意图

三、实验内容及实验结果

1. X 射线第一级衍射的精细结构

把 NaCl 晶体装在靶台上,设置靶和传感器的距离为 6 cm,靶和直准器的距离为 5 cm,角度设置在 $5.5° \sim 8.0°$,设置时间为 3 s。扫描得图 2-2-2 的波长谱线图。

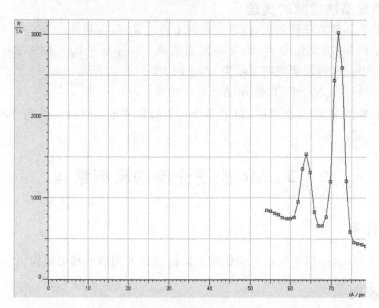

图 2-2-2　X 射线第一级衍射的精细结构($U = 35$ kV,$I = 1.00$ mA)

从图中可以得到下表数值 $K_{\alpha 1},K_\beta + K_\gamma$ 线的波长。

2. X 射线第五级衍射的精细结构

设置角度在 $32.5° \sim 40.5°$，时间为 $100\ s$。扫描得图 $2-2-3$ 的波长谱线图。

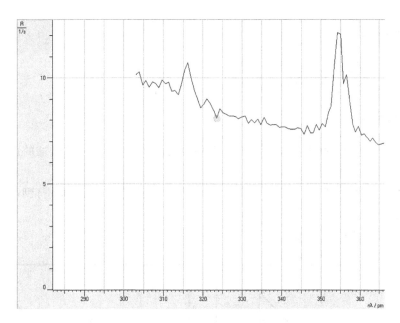

图 $2-2-3$　X 射线第五级衍射的精细结构($U = 35\ kV, I = 1.00\ mA$)

从图中可以得到下表数值

	测量值		理论值
波长	$5 * \lambda / pm$	λ / pm	λ / pm
$K_{\alpha 1}$			70.93
$K_{\alpha 2}$			71.36
K_{β}			63.26
K_{γ}			62.09

由上表可得 K_{α} 双线的波长差及 $K_{\beta} + K_{\gamma}$ 双线的波长差，测量的相对误差分别为：

　　　　（K_{α} 双线）：　　　　　　　　　　（$K_{\beta} + K_{\gamma}$）：

四、实验结论分析讨论

2-3　劳厄相法测定单晶的晶格结构

一、实验目的

(1) 测量 X 射线通过 Nacl 单晶的劳厄相图。

(2) 根据单晶样品的劳厄相图中各亮点的位置研究样品的晶体结构。

二、实验原理

在劳厄相的实验中，所用晶体是固定不动的单晶体，X 射线为经过过滤的白色 X 射线。且产生的衍射是一级衍射，即 $n = 1$。

装置示意图如图 2-3-1 所示。a 是 X 射线管产生 X 射线，经过光阑 b 打到晶体 c 上在胶片 d 上产生劳厄相。

对衍射斑点 Q 的研究（见图 2-3-2）。

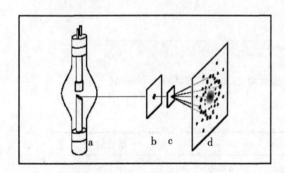

图 2-3-1　劳厄法示意图

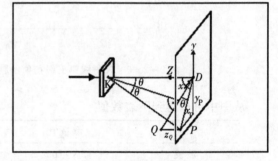

图 2-3-2　衍射斑点 Q 的密勒指数

在图中 P 点的坐标为 $(x_p, y_p, 0)$

$\triangle KPO$ 是直角三角形，则

$$\tan 2\theta = \frac{OP}{OK} = \frac{\sqrt{x_P{}^2 + y_P{}^2}}{L} \qquad (2-3-1)$$

其中 L 是晶体到胶片的距离。

在图中 Q 点的坐标为 (x_Q, y_Q, z_Q)。

$\triangle QPO$ 是直角三角形，则

$$\tan\theta = \frac{QP}{OP} = \frac{z_Q}{\sqrt{x_Q{}^2 + y_Q{}^2}} \qquad (2-3-2)$$

其中

$$z_Q = \sqrt{x_Q^2 + y_Q^2 + L^2} - L \qquad (2-3-3)$$

密勒指数和坐标的关系为

$$h : k : l = x_Q : y_Q : z_Q \qquad (2-3-4)$$

则

$$\theta = \arctan \frac{l}{\sqrt{h^2 + k^2}} \qquad (2-3-5)$$

三、实验内容

(1) 样品制备：NaCl 的单晶样品是现成的。

(2) 样品安装：先卸下光缝，装上小孔光栏，在该光栏前用双面胶带纸贴上单晶样品袋。（对于单晶样品，须注意样品的边缘应水平或铅直）

(3) 取下整个测角器装置（包括靶台、传感器及其传动装置等），装上 X 射线底片架使它铅直放置，正对样品，离样品约 15 mm。

(4) 在底片架的中心安放 X 射线胶片，使它平直，正对样品，如图 2-3-3 所示。

(5) 用 $U = 35$ kV，$I = 1$ mA 使底片曝光（单晶曝光半小时）。

(6) 在暗室中对底片显影、定影，得到劳厄相图，如图 2-3-4 所示。

(7) 根据单晶样品的劳厄相图中各亮点的位置，研究样品的晶体结构。

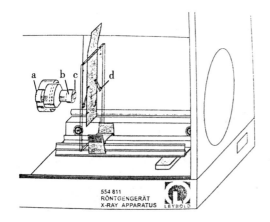

图 2-3-3　拍摄相图的实验装置

a— 锆吸收片（仅在拍德拜相图时用）；

b— 小孔光栏；c— 样品；d— 底片与样品架

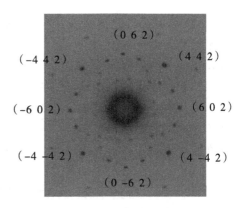

图 2-3-4　NaCl 单晶的劳厄相

四、实验结果

由图 2-3-4 中可以读出 x_Q 和 y_Q 的值，再根据式（2-3-3）算出 z_Q 的值；再根据式（2-3-4）得密勒指数 (h,k,l)；再根据式（2-3-5）算出 θ，再由式（2-3-2）和式（2-3-4）算出 x_p 和 y_p 的值。得出结果填入表 2-3-1 中。

表 2-3-1

	x_Q	Y_Q	z_Q	h	k	l	X_p	y_p
1								
2								
3								
4								
5								
6								
7								

从上表知 X 射线通过 NaCl 单晶发生衍射,其密勒指数(h,k,l)为全偶或全奇,所以 NaCl 晶体是面心立方晶格

已知晶格常数 $a_0 = 564.02$ pm,根据立方晶系的晶面距为

$$d = \frac{a_0}{\sqrt{k^2 + h^2 + l^2}} \tag{2-3-6}$$

求出晶面距 d;例如表 $2-3-2$。

表 2 - 3 - 2

h	k	l	d/pm

五、实验注意事项

本实验使用的 NaCl 晶体是价格昂贵而易碎、易潮解的娇嫩材料,要注意保护:

(1) 平时要放在干燥器中。

(2) 使用时要用手套。

(3) 只接触晶体片的边缘,不碰它的表面。

(4) 不要使它受到大的压力(用夹具时不要夹得太紧)。

(5) 不要掉落地上。

(6) 在洗胶片时,显影的时间不能太长,最好不要超过 6 分钟。

2-4   德拜相法测定多晶粉末样品的晶格常数

一、实验目的

(1) 测量 X 射线通过 NaF 多晶粉末的德拜相图。

(2) 根据德拜相图中各圆环的直径 D,研究样品的晶体结构,求出晶格常数。

二、实验原理

1. 晶体几何学基础

晶体是由原子周期排列构成的,它可以看作是由一系列相同的点在空间有规则地作周期性的无限分布,这些点子的整体构成了空间点阵。点阵中的每一个阵点可以是一个原子或一群原子,这个(群)原子称为基元,基元在空间的重复排列就形成晶体的结构。

通过点阵的结点,可以作许多平行的直线族(晶列族)和平行的平面族(晶面族),这样,点阵就成为一些网络,称为晶格。用三个晶面族就可以把晶格分成许多完全相同的平行六面体,这样的平行六面体称为晶胞,晶胞是由其三边边长 a,b,c 和三边夹角 α,β,γ 来表示,如图 $2-4-1$ 所示。

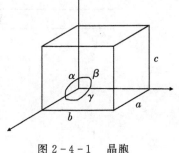

图 2 - 4 - 1   晶胞

根据这六个参数,晶体可分为七大晶系,即三斜晶系、单斜晶系、正交晶系、三角晶系、四方晶系、立方晶系。

立方晶系又可分为简单立方、体心立方、面心立方,其特点是:$a = b = c, \alpha = \beta = \gamma = 90°$

为了表示晶面族的差异,可用密勒指数来表示晶面族,密勒指数就可以这样确定,即限晶面族中离原点最近的晶面,如果此晶面在三个基本矢量 a, b, c 上的截距为 $a/h, b/k, c/l(h, k, l$ 为不可约整数),则密勒指数为 (h, k, l)。

晶面族的 (h, k, l) 不同,面间距也不同,立方晶系的晶面距 d 为

$$d = \frac{a_0}{\sqrt{k^2 + h^2 + l^2}} \tag{2-4-1}$$

其中 a_0 为晶格常数。

布拉格方程为

$$2d\sin\theta = n\lambda \tag{2-4-2}$$

布拉格方程还可写成

$$\sin\theta = \frac{n\lambda}{2d} \tag{2-4-3}$$

把式 $(2-4-1)$ 代入式 $(2-4-2)$,得

$$\sin^2\theta = \left(\frac{n\lambda}{2a_0}\right)^2 \left[(n \cdot h)^2 + (n \cdot k)^2 + (n \cdot l)^2\right] \tag{2-4-4}$$

把式 $(2-4-3)$ 进行简化得

$$\sin^2\theta = F \cdot Z \tag{2-4-5}$$

其中

$$F = \left(\frac{n\lambda}{2a_0}\right)^2 \tag{2-4-6}$$

$$Z = (n \cdot h)^2 + (n \cdot k)^2 + (n \cdot l)^2 \tag{2-4-7}$$

2. 实验

在德拜相法的实验中,所用晶体是固定不动的多晶粉末,X 射线是经过锆过滤片过滤的单色光。装置示意图如图 $2-4-2$ 所示。

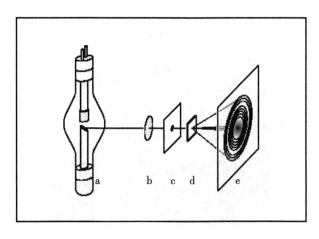

图 $2-4-2$　德拜相法示意图

从图 2 - 4 - 3 中，可以得出

$$\tan2\theta = \frac{R}{L} \qquad\qquad (2 - 4 - 8)$$

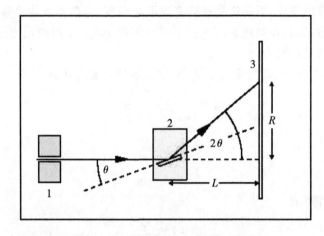

图 2 - 4 - 3   多晶样品的布拉格反射

三、实验内容

（1）样品制备：多晶样品须把 NaF 碎片放在研钵中研磨成细粉后，放在薄薄的塑料袋中。

（2）样品安装：卸下光缝，装上锆吸收片后，再装上小孔光栏，在该光栏前用双面胶带纸贴上多晶塑料袋。

（3）取下整个测角器装置（包括靶台、传感器及其传动装置等），装上 X 射线底片架使它铅直放置，正对样品，离样品约 15 mm。

（4）在底片架的中心安放包有黑纸的 X 射线底片，使它平直，正对样品。

（5）用 $U = 35$ kV, $I = 1$ mA 使底片曝光（多晶曝光 4 小时）。

（6）在暗室中对底片显影、定影，得到德拜相图（见图 2 - 4 - 4）。

（7）根据德拜相图中各圆环的直径 D，研究样品的晶体结构，求出晶格常数。

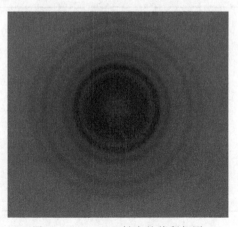

图 2 - 4 - 4   NaF 粉末的德拜相图

四、实验结果

根据图 $2-4-4$ 得出表 $2-4-1$。

表 2 - 4 - 1

No.	$\dfrac{D}{mm}$	θ	$\sin^2\theta$	n	h	k	l	Z	F
1									
2									
3									
4									
5									
6									

由上表得 $\overline{F} =$

再由式 $(2-4-6)$ 得晶格常数

$$a_0 = \frac{\lambda}{2} \frac{1}{\sqrt{F}} =$$

五、实验注意事项

实验使用的 NaF 晶体是价格昂贵而易碎、易潮解的娇嫩材料,要注意保护:
(1) 平时要放在干燥器中。
(2) 使用时要用手套。
(3) 只接触晶体片的边缘,不碰它的表面。
(4) 不要使它受到大的压力(用夹具时不要夹得太紧)。
(5) 不要掉落地上。
(6) 晶体粉末要足够细,否则拍摄出来的图像会有许多小黑点。

2 - 5　X 射线的吸收

一、实验目的

(1) 研究 X 射线的衰减与吸收体物质关系。
(2) 研究 X 射线的衰减与吸收体厚度关系。

二、实验原理

　　X 射线穿过物质之后,强度会衰减。这是因为 X 射线同物质相互作用时经历各种复杂的物理、化学过程,从而引起各种效应转化了入射线的部分能量。如图 $2-5-1$ 所示。

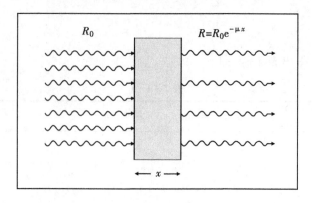

图 2-5-1 X射线的衰减

假设入射线的强度为R_0，通过厚度$\mathrm{d}x$的吸收体后，由于在吸收体内受到"毁灭性"的相互作用，强度必然会减少，减少量$\mathrm{d}R$显然正比于吸收体的厚度$\mathrm{d}x$，也正比于束流的强度R，若定义μ为X射线通过单位厚度时被吸收的比率，则有：

$$-\mathrm{d}R = \mu R \mathrm{d}x \qquad (2-5-1)$$

考虑边界条件并进行积分，则得

$$R = R_0 e^{-\mu x} \qquad (2-5-2)$$

透射率$T = \dfrac{R}{R_0}$，则得：

$$T = e^{-\mu x} \qquad (2-5-3)$$

或

$$\ln T = -\mu x \qquad (2-5-4)$$

式中，μ称为线衰减系数，x为试样厚度。我们知道，衰减至少应被视为物质对入射线的散射和吸收的结果，系数μ应该是这两部分作用之和。但由于因散射而引起的衰减远小于因吸收而引起的衰减，故通常直接称μ为线吸收系数，而忽略散射的部分。

三、实验装置

实验装置如图 2-5-2 所示。

（1）安装准直器在 a 处（使导孔对准准直器座的凹槽）。

（2）安装测角器（将顶部引导凹槽套在顶部导杆上，以测角器底部为中心对X射线装置的底部导轨进行旋转，升高测角器，适当装备使底部导杆 d 滑进测角器的引导凹槽中）。

（3）在实验区域中将测角器滑向左边，将带状电缆插入测角器的连接器 c 中。

（4）安装传感器支架 e，插入传感器。

（5）安装吸收体系列 f（拆卸靶支架并从支架上拿走靶台，将吸收体系列的

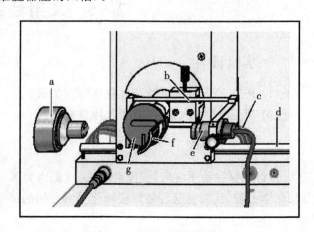

图 2-5-2 X射线装置

滑槽放进靶支架的 90° 弯曲的狭缝中,并尽可能的滑进靶支架,安装靶支架)。

(6) 按 ZERO 键,使测角器归零。

(7) 滑动测角器,使靶与准直器之间的距离为 5 cm,插入底部引导狭槽的滚花螺钉,并拧紧;旋松传感器臂上的滚花螺钉,设置靶和传感器之间的距离为 5 cm,并拧紧螺钉。

(8) 关闭铅玻璃门。

四、实验内容

1. 研究 X 射线的衰减与吸收体厚度的关系

(1) 设置 X 光管的高压 $U = 21$ kV,电流 $I = 0.05$ mA,角步幅 $\Delta\beta = 0°$,测量时间 $\Delta t = 100$ s。

(2) 按 TARGET 键,用 ADJUST 旋钮,使靶的角度为 0°(每转动 10° 吸收体厚度增加 0.5 mm)。

(3) 按 SCAN 键进行自动扫描。

(4) 扫描完毕后,按 REPLAY 键,读取数据。

(5) 按 TARGET 键,用 ADJUST 旋钮,使靶的角度依次为 10°、20°、30°、40°、50°、60°,进行实验。

(6) 记录数据(见表 2-5-1)。

2. 研究 X 射线的衰减与吸收体物质(Z)的关系

(1) 按 ZERO 键,使测角器归零。

(2) 设置 X 光管的高压 $U = 30$ kV,电流 $I = 0.02$ mA,角步幅 $\Delta\beta = 0°$,测量时间 $\Delta t = 30$ s。

(3) 按 TARGET 键,用 ADJUST 旋钮,使靶的角度依次为 0°,10°,20°(每转动约10° 吸收体物质发生改变)。

(4) 按 SCAN 键进行自动扫描。

(5) 扫描完毕后,按 REPLAY 键,读取数据。

(6) 设置 X 光管的高压 $U = 30$ kV,电流 $I = 1.00$ mA,角步幅 $\Delta\beta = 0°$,测量时间 $\Delta t = 300$ s。

(7) 按 TARGET 键,用 ADJUST 旋钮,使靶的角度依次为30°,40°,50°,60°。

(8) 按 SCAN 键进行自动扫描。

(9) 扫描完毕后,按 REPLAY 键,读取数据(见表 2-5-2)。

五、数据处理和结果分析

表 2-5-1　研究 X 射线的衰减与吸收体厚度的关系

厚度 d/mm	R/s^{-1}	$T = R/R_0$
0		
0.5		
1.0		
1.5		
2.0		
2.5		
3.0		

表 2 - 5 - 2　研究 X 射线的衰减与吸收体物质的关系($U = 30$ kV, $d = 0.5$ mm)

原子序数(Z)	$T = R/R_0$	$U = -\ln T/d$　cm^{-1}
6		
13		
26		
29		
40		
47		

2 - 6　X 射线的康普顿效应

一、实验目的

(1) 通过 X - 射线在 NaCl 晶体上的第一级衍射认识钼阳极射线管的能谱，了解 Edge absorption。

(2) 验证 X 光子康普顿散射的波长漂移。

二、实验原理

康普顿效应：1923 年，美国物理学家 Compton 发现被散射体散射的 X 射线的波长的漂移，并将原因归结为 X 射线的量子本质。他解释这种效应是一个 X 光量子和散射物质的一个电子发生碰撞，其中 X 光量子的能量发生了改变，它的一部分动能转移给了电子。

$$E = \frac{h \cdot c}{\lambda}$$

式中，h 为普朗克常数；c 为光速；λ 为波长。

在碰撞中，能量和动量守恒。碰撞前，电子可以认为是静止的。碰撞后电子的速度为 v，λ_1 和 λ_2 是 X 光量子散射前后的波长，依据相对论的能量守恒的公式表述可以得到：

$$\frac{h \cdot c}{\lambda_1} + m_0 \cdot c^2 = \frac{h \cdot c}{\lambda_2} + \frac{m_0 \cdot c^2}{\sqrt{1 - \left(\frac{v}{c}\right)^2}}$$

式中 m_0 为电子的质量。

X 光子的动量为

$$p = \frac{h}{\lambda}$$

动量的守恒导致

$$\frac{h}{\lambda_2} \cdot \cos\theta + \frac{m_0}{\sqrt{1 - \left(\frac{v}{c}\right)^2}} \cdot v \cdot \cos\varphi = \frac{h}{\lambda_1} \qquad \frac{h}{\lambda_2} \cdot \sin\theta + \frac{m_0}{\sqrt{1 - \left(\frac{v}{c}\right)^2}} \cdot v \cdot \sin\varphi = 0$$

θ, φ：碰撞角度(见图 2 - 6 - 1)。

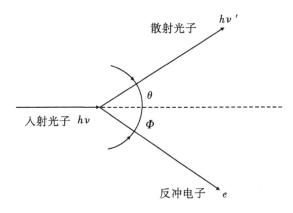

图 2 - 6 - 1　康普顿散射示意图

最终波长的改变量为　　$\lambda_2 - \lambda_1 = \dfrac{h}{m_0 \cdot c}(1 - \cos\theta)$

常数 $\dfrac{h}{m_0 \cdot c} = 2.43$ pm 定义为康普顿波长 λ_c。

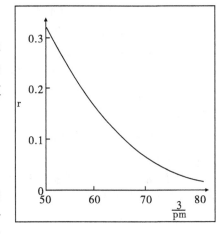

图 2 - 6 - 2　透射率和波长的关系

　　本实验是利用一个铜箔来证明波长漂移现象的存在。R. W. Pohl 研究了铜箔的透射系数 T_{Cu} 会随 X 光子的波长变化(见图 2 - 6 - 2)，故由于康普顿散射而导致的 X 光子波长的漂移就表现在透射率或计数率的改变。

　　波长与铜箔的透射率间的关系可以用公式表述为：

$$T_{Cu} = e^{-a\left(\frac{\lambda}{100\text{pm}}\right)^n}$$

其中 $\alpha = 7.6, n = 2.75$。

　　实验的开始是记录被铝散射的 X 光子的无衰减时的计数率 R_0，接着是将铜箔放置在铝的前后得到的两个计数率 R_1 和 R_2。因为计数率低，故背景辐射 R 也要考虑。则透射率是：

$$T_1 = \frac{R_1 - R}{R_0 - R} \quad \text{和} \quad T_2 = \frac{R_2 - R}{R_0 - R}$$

　　由此得到 X 光子的平均波长 λ_1, λ_2。根据公式得到波长的漂移为

$$\Delta\lambda = \lambda_2 - \lambda_1$$

三、实验内容

1. 钼原子的 X 特征谱线

　　(1) 将 NaCl 放置在靶台上。操作时，必须戴一次性手套，首先将锁定杆逆时针转动，靶台锁定解除，把 NaCl 样品(平板)轻轻放在靶台上，向前推到底后将靶台轻轻向上抬起，确保样品被支架上的凸楞压住；最后顺时针轻轻转动锁定杆，使靶台锁定。

　　(2) 设置工作参数。高压 $U = 30$ kV，发射电流 $I = 1$ mA，$\Delta t = 3$ s，$\Delta\beta = 0.1$ 分别按

COUPLED 和 β limits 键设置靶的下限为 5.5°,上限 8°

启动管高压 HV(ON/OFF),按 SCAN 启动测量。

(3)记录实验结果。测量结束后,输入 NaCl 的 d 值($d = 282.01$ pm),此时图的横坐标由掠射角 θ 自动转变为波长 λ(pm)。

2. 边吸收(edge absorption)

(1)戴一次性手套,将 Zr 滤波器安装在准直器的出口端,注意:该仪器实验区的空间较小,而准直器的安装位较深,拔出时不要用力过猛,以免撞到放置样品的靶台。

(2)实验设置和步骤如上。

(3)记录衍射峰峰值,并和实验 1 的结果比较。

3. X 射线的康普顿效应

(1)将靶台上的 NaCl 样品换成实验提供的铝块。

(2)按下 TARGET,使用 ADJUST 钮调节靶的角度到 20°。按下 SENSOR,用 ADJUST 钮调节传感器的角度到 145°。

(3)设置管高压 $U = 30$ kV,反射电流 $I = 1.00$ mA。角的步进宽度 $\Delta\beta = 0.0$°。

1)无铜滤波器。设定测量时间 $\Delta t = 60$ s,使用 HV(ON/OFF)、SCAN 键启动测量。当测量时间结束时,按 REPLAY 键,显示区的第一行即为平均计数率,记录下该值,标为 R_0。

2)铜滤波器放在铝散射体的前面。将铜滤波器安装在准直器的出口,测量时间升至 $\Delta t = 600$ s 后,实验步骤同 1),该计数率标为 R_1。

3)铜滤波器放在铝散射体的后面。将铜滤波器安装在传感器上,测量时间为 $\Delta t = 600$ s,实验步骤同 1),该计数率标为 R_2。

4)背景效应。取下铜滤波器,设定发射电流 $I = 0$,测量时间为 $\Delta t = 600$ s,实验步骤同 1),该计数率标为 R。

5)数据计算及实验结果分析。依据实验原理中的相关公式计算其波长漂移量,并与康普顿散射的理论值相比。

四、思考题

1. 康普顿散射为什么要在出射的 X 光前加锆滤波?

2. 简述 Edge absorption 的原理。

3. 将探测器转到 145° 的理由是什么,如果角度偏差(例如 0.5°),会影响到计算结果吗?

4. 如果将测量时间加大,会减小误差吗?

第3章

激光和现代光学技术

3-0 引言

1960年第一台红宝石激光器研制成功,标志着激光科学技术的诞生。从此,激光技术给古老的光学学科带来强大的生命力,引起现代光学应用技术的迅猛发展,也标志着人类认识和改造自然的能力发展到一个新的高度。

20世纪60年代是激光发展应用最快的时期,相继在出现了He-Ne激光、Nd玻璃Q开关激光、红宝石倍频激光和各种气体、固体以及染料激光器,1962年,半导体激光用于全息照相。1967年,超短脉冲激光问世。1970年以后,异质结半导体激光、真空紫外分子激光、准分子激光和自由电子激光也研制成功。至今已有几千种激光。

不断改进激光器性能,提高激光效率和功率,压缩激光脉冲宽度以及改变输出频率,以适应科学研究的需要和各种光学应用,是研究激光的重要内容。激光技术就是要改善和提高激光性能,以适应实际现代光学应用。

本章所有实验,基于激光原理和相关应用,做了比较全面的安排。从激光产生的机理,利用He-Ne激光器,开展气体激光器放电条件研究和激光模式分析;从激光与物质相互作用的各种现象中研究基于非线性效应的激光倍频与和频,晶体的电光、声光及磁光调制;从激光的现代光学应用角度研究激光干涉、衍射测量和单光子测量,以及激光信息的存储与变换。

3-1 He-Ne气体激光器放电条件研究

一、实验目的

(1) 学习He-Ne年代气体激光器的工作原理,研究放电条件对激光输出功率的影响。
(2) 掌握真空的获得、测量和充气技术。

二、实验原理

激光(laser)是20世纪60年代最伟大的科学发明,它的诞生对自然科学和现代光学技术产生了重大影响。激光由原子的受激辐射产生,它与普通光的性质不同,具有极好的方向性、单色性和极高的亮度。

1. He-Ne激光器的结构

He-Ne激光器是以He,Ne混合气体为工作物质,采用放电激励方式工作的激光器,其结构如图 3 - 1 - 1 所示,由谐振腔和放电管组成。

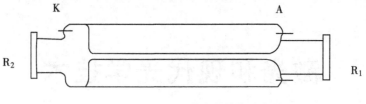

图 3 - 1 - 1　He - Ne 激光器结构示意图

谐振腔由相互平行的两个反射镜 R_1,R_2 组成。激光通过反射率较低的腔镜耦合到腔外,该镜称为输出镜。放电管中央的细管为毛细管,毛细管中充有 He,Ne 混合气体,是对激光产生放大的区域,毛细管的几何尺寸决定了激光的最大增益。

套在毛细管外面较粗的管子为储气管,它与毛细管的气路相通,主要作用是稳定毛细管内的工作气压、稳定激光器的输出功率和延长其寿命。

图中,K 为阴极,A 为阳极。电极的质量直接关系到激光器的寿命。He - Ne 激光器工作时,毛细管要进行辉光放电,受电场加速的正离子撞击阴极会引起阴极材料的溅射与蒸发。He - Ne 激光器一般采用直流高压放电激励方式。

2. He - Ne 激光器的工作原理

光照射介质时,会发生受激辐射和受激吸收过程。对于激光束,要有激光输出,要求受激发射超过受激吸收,必须是高能级原子数密度 N_2 大于低能级原子数密度 N_1,即"粒子数反转"。

He - Ne 激光器中氖气是产生激光的物质,氦气为产生激光的媒介和增加激光输出功率。如图 3 - 1 - 2 所示,氦原子有两个亚稳态能级 2^1S_0,2^3S_1,在气体放电管中,电子在电场中加速获得一定动能与氦原子碰撞,并将氦原子激发到 2^1S_0,2^3S_1,此两能级寿命长容易积累粒子。因而,在放电管中这两个能级上的氦原子数是比较多的。这些氦原子的能量又分别与处于 3s 和 2s 态的氖原子的能量相近。处于 2^1S_0,2^3S_1 能级的氦原子与基态氖原子碰撞后,很容易将能量传递给氖原子,使它们从基态跃迁到 3s 和 2s 态,这一过程称能量共振转移。由于氖原子的 2p,3p 态能级寿命较短,这样氖原子在能级 3s — 3p,3s — 2p,2s — 2p 间形成粒子数反转分布,从而发射出 3.39 μm,632.8 nm,1.5 μm 三种波长的激光。而处于 1S 能级上的氖原子主要是通过"管壁效应",即与毛细管碰撞将能量交给管壁而回到基态。选用毛细管作放电通道有利于增强这种效应。

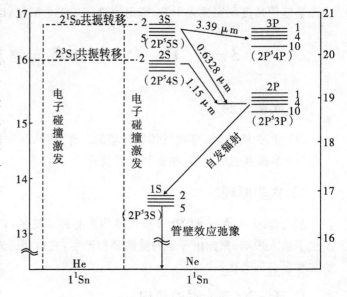

图 3 - 1 - 2　与激光跃迁有关的氖原子部分能级图

谐振腔内只有波长满足当光在腔内走一个来回的相位改变是 2π 的光才能干涉加强。若 μ 为介质折射率，l 为腔长，则选模条件为

$$2\mu l = q\lambda \quad （q \text{ 为整数}） \tag{3-1-1}$$

也可表示为

$$\nu_q = q\frac{c}{2\mu l} \tag{3-1-1'}$$

ν_q 称纵模频率。相邻两个纵模频率之差为 $\Delta\nu_{\Delta q=1} = \dfrac{c}{2\mu l}$，称纵模间隔，与 q 无关。谐振腔的谐振频率中只有落在原子的荧光辐射谱线宽度内并满足阈值条件的那些频率才能形成激光。考虑到光在谐振腔中来回反射会有损耗，只有在以下正反馈放大条件满足才能得到稳定输出的激光：

$$R_1 \cdot R_2 \cdot e^{2G(\nu)l} \geqslant 1 \tag{3-1-2}$$

$G(\nu)$ 为与纵模频率相关的增益系数。

3. 放电条件对激光器输出功率的影响

气体激光器必须选择适当的放电条件如气体的配气比、气体总压强、放电电流，才能获得最大的输出激光功率。对于 He-Ne 激光器，如何获得最佳放电条件，可以从如下几个问题去考虑，开展实验研究，总结实验规律，并进行合理分析、解释。

（1）当气配比保持一定时，激光器的输出功率与充气总气压的变化有什么关系？充气气压 P 与毛细管直径 d 的乘积满足什么条件时，输出功率最大？

（2）激光器的毛细管直径 d 一定时，He 与 Ne 的充气配比选择什么条件比较理想，为什么选此配比？

（3）寻找一个使激光器输出的激光功率达到最大值的放电电流，即最佳放电电流，最佳放电电流随总气压如何变化？

三、实验装置

实验使用如图 3-1-3 所示的真空系统，以及复合真空计、激光电源以及数字激光功率计。（仪器使用请参看仪器使用说明书）

四、实验步骤

1. 抽空除气

利用机械泵、扩散泵使激光腔内气体压强低于 $4\times10^{-3}\,\mathrm{Pa}$，并检查是否存在漏气情况。

2. 配气

选用不同的 $P_{\mathrm{He}}:P_{\mathrm{Ne}}$ 比值 n，研究激光输出功率与 n 的关系，找到最理想的充气配比。考虑到测量

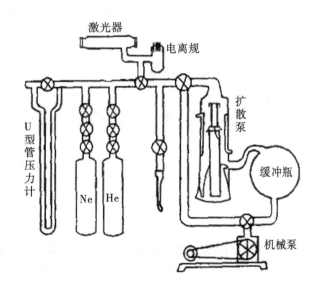

图 3-1-3　真空系统

激光输出功率与总压强之间的关系,配气 $P_总$ 应选多大合适。(详细配气步骤自己设计)

3. 研究放电条件对激光输出功率的影响

(1) 保持配气比不变,改变 $P_总$ 的大小,测量激光输出功率的变化。

(2) 改变 $P_总$ 大小,对每一个压强值,改变工作电流,测量激光输出功率的变化。

五、注意事项

(1) 配气是不要让气瓶内的气体混入另一种气体。

(2) 做每一个项目前,一定要把操作步骤搞清楚,然后在做实验。

六、思考题

实验中,当 He,Ne 气体压强和放电电流保持不变,激光器的光输出功率存在小的波动,原因何在?

3-2 He-Ne 气体激光器的模式分析

一、实验目的

(1) 了解扫描干涉仪的原理,掌握其使用方法。

(2) 学习观测激光束横模、纵模的实验方法。

二、实验原理

1. He-Ne 激光器模式的形成

激光器由增益介质、光学谐振腔和激励能源三个基本部分组成。在增益介质中,由自发辐射诱导出受激辐射,一定频率的光波产生,并在谐振腔内传播,被增益介质增强、放大。实现增益的条件是粒子数反转,这可以通过激励能源实现。光学介质长度有限,光学谐振腔对介质起到延长作用,使得增益明显,最终产生激光。虽然谐振腔会有不同的结构,但激光在其中形成稳定振荡时必须满足相应结构的驻波条件:光在谐振腔内往返一周的光程差为波长的整数倍,即

$$2\mu l = q\lambda \tag{3-2-1}$$

其中 μ 是增益介质的折射率,l 是谐振腔长,λ 是波长,q 是整数,也叫纵模序数。因此谐振腔中允许的激光频率为

$$\nu_q = q\frac{c}{2\mu l} \tag{3-2-2}$$

满足式(3-2-2)条件的光形成一系列的纵模,ν_q 为纵模频率。相邻两纵模的频率间隔为

$$\Delta\nu_{\Delta q=1} = \frac{c}{2\mu l} \tag{3-2-3}$$

从式(3-2-3)可知,缩短谐振腔的长度可以获得单纵模运行激光器。

每种增益介质,由于其自身的特性,都对应了一种增益曲线 $G(\nu)$,只有增益大于损耗的纵模才可以保留,最后达到稳定后输出的激光只有几个分立的纵模,如图 3-2-1 所示,其中 a 为阈值增益系数,$\Delta\nu_{OSC}$ 为出射激光线宽,激光的单色性就是基于上述原理。

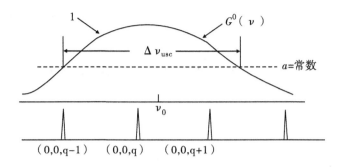

图 3-2-1　增益曲线 G(ν) 示意图

光在谐振腔中来回反射时,由于工作物质的横截面和镜面都有限,当平行光通过它们时,将发生衍射,使出射光波的波阵面发生畸变。多次反复衍射,就在垂直于光的传播方向(横向)上同一波腹处形成一个或多个稳定的衍射光斑,每个衍射光斑对应一种稳定的横向电磁场(光场)分布,如图 3-2-2 称为一个横模,用 $\text{TEM}_{m,n}$ 来表示。横模光场在形成稳定的振荡后也会满足一些条件,横模间距随谐振腔结构不同而不同。

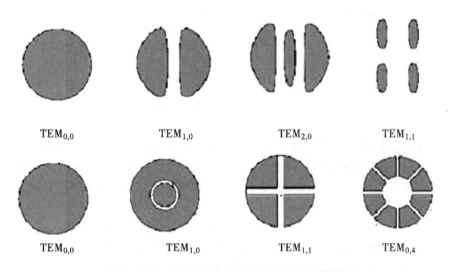

图 3-2-2　激光束横截面上的光场分布(横模)

激光模式指激光器内能够发生稳定光振荡的形式,每一个模,既是纵模,又是横模,纵模描述了激光器输出分立频率的个数,横模描述了垂直于激光传播方向的平面内光场的分布情况。激光的线宽和相干长度由纵模决定,光束的发散角、光斑的直径和能量的横向分布由横模决定。要完善地描述一个模式,必须有三个指标:m,n,q,记为 $\text{TEM}_{m,n,q}$,其中 m,n 是横模序数,q 是纵模序数。设激光器的轴线沿 z 轴方向,则 m,n,q,分别表示沿 x,y,z 三个轴线方向场强为零的节点数。

用 $\nu_{m,n,q}$ 表示 $\text{TEM}_{m,n,q}$ 模的频率,由式(3-2-3)得到纵模间隔为

$$\Delta\nu_{\text{纵}} = \nu_{m,n,q+\Delta q} - \nu_{m,n,q} = \frac{c}{2\mu l}\Delta q \qquad (3-2-4)$$

可知相邻的纵模间隔是相等的。

横模的频率间隔为 $\Delta\nu_{\text{横}} = \nu_{m+\Delta m, n+\Delta n, q} - \nu_{m,n,q}$,其具体表达式与谐振腔的结构有关,对应非共焦腔激光器,横模的频率间隔为

$$\Delta\nu_{\text{横}} = \frac{c}{2\mu l}\left\{\frac{1}{\pi}(\Delta m + \Delta n)\arccos\left[\left(1-\frac{l}{R_1}\right)\left(1-\frac{l}{R_2}\right)\right]^{1/2}\right\} \tag{3-2-5}$$

相邻横模间隔为

$$\Delta\nu_{\Delta m+\Delta n=1} = \Delta\nu_{\Delta q=1}\left\{\frac{1}{\pi}\arccos\left[\left(1-\frac{l}{R_1}\right)\left(1-\frac{l}{R_2}\right)\right]^{1/2}\right\} \tag{3-2-6}$$

在谐振腔中加一些物理效应,如晶体双折射效应,可把激光的一个频率光分裂成 o 光和 e 光,称为激光模式分裂。

2. 共焦球面扫描干涉仪

共焦球面扫描干涉仪两球面反射镜的距离 L 等于曲率半径 R,构成一个共焦系统,如图 3-2-3 所示。

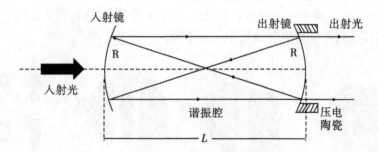

图 3-2-3　共焦球面扫描干涉仪光路示意图

其中一镜固定不动,另一镜固定在可随电压变化而变化的压电陶瓷环上,腔长 L 可随电压变化,为了维持 L 变化后两球面镜处于共焦状态,用低膨胀系数材料制成的间隔圈,保持两球形面反射镜 R 总处于共焦状态。压电陶瓷的伸缩性性质来控制扫描干涉仪的腔长 L,进而控制该腔所满足的驻波条件

$$4\mu L = K\lambda \tag{3-2-7}$$

其中 K 为整数。只有满足驻波条件的光才可以因为干涉极大而透过干涉仪进入光电计测量光强,实现光谱扫描。光强频率 ν 的变化与腔长的变化量成正比,即与加在压电陶瓷环上的电压成正比。

实验中在压电陶瓷上加一线性电压(锯齿波电压),并与示波器的横向扫描同步,示波器的横坐标 t 的变化就可以表示干涉仪频率变化,即 $\Delta V \propto \Delta L \propto \Delta\nu \propto \Delta t$。当外加电压使腔长变化到某一值时,正好使腔长和入射光波长满足式(3-2-7)驻波条件时,将在示波器上看到相干极大光强,并且此时只要有一定幅度的电压来改变腔长,就可以使激光器具有的所有不同波长的模依次相干极大透过,形成扫描。

要定量分析激光模式,就必须用自由光谱区来标定频宽。自由光谱区的范围是由仪器构造决定的。因此,在实验时激光输出的两个间隔最大的纵模要小于自由光谱范围。为了将自由光谱区内所有模式都在示波器显示出来,扫描电压的周期必须大于自由光谱区在示波器上对应的时间宽度。

3. 激光模式的测量

如图 3-2-4 所示,利用共焦扫描干涉仪可以测定激光输出模式的频率间隔,ΔX_F 正比于干涉仪的自由光谱区 $\Delta\nu_{OSC}$,ΔX 正比于激光器相邻纵模的频率间隔 $\Delta\nu_{q=1}$,ΔX_1 正比于相邻横模间隔 $\Delta\nu_{\Delta m+\Delta n=1}$,由实验测出 ΔX,ΔX_1 的长度,并可以得到如下比值:

$$\frac{\Delta\nu_{\Delta m+\Delta n=1}}{\Delta\nu_{q=1}} = \frac{\Delta X_1}{\Delta X} = \frac{1}{\pi}(\Delta m + \Delta n)\arccos\left[\left(1-\frac{l}{R_1}\right)\left(1-\frac{l}{R_2}\right)\right]^{1/2} \qquad (3-2-8)$$

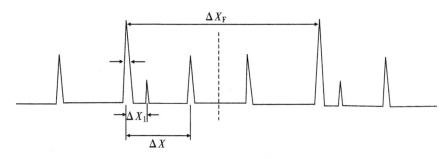

图 3-2-4　示波器上显示的激光模谱

由此可以估计横模阶次。如图 3-2-5、图 3-2-6 所示。

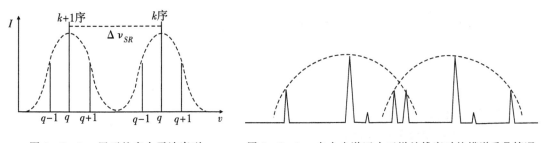

图 3-2-5　展开的多个干涉序列　　　　　图 3-2-6　自由光谱区小于增益线宽时的模谱重叠情况

三、实验装置

扫描干涉仪,高速光电接收器,锯齿波发生器,双踪示波器,半外腔氦氖激光器及电源,准直用氦氖激光器及电源,准直小孔。如图 3-2-7 所示。

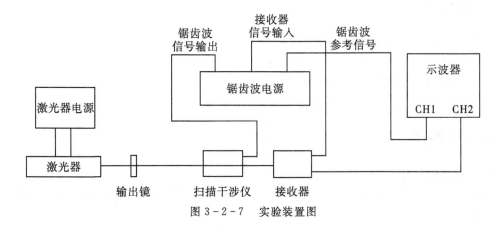

图 3-2-7　实验装置图

四、实验步骤

(1) 调整光路使得入射光束和扫描干涉仪的光轴重合,各设备连接好电源。

(2) 测量激光器的腔长,算出激光器的纵模频率差和 1 阶横模的频差,根据干涉仪的曲率半径算出干涉仪的自有光谱范围。

(3) 打开锯齿波电源和示波器开关,适当调节锯齿波电源前面板上的幅值和频率按钮,使锯齿波有一定的幅值和频率。

(4) 调节干涉仪上的两个方位螺丝,使谱线尽量强,噪声尽量小。

(5) 调节幅值和频率旋钮,使波形类似图 3 - 2 - 5 的激光模谱。

(6) 测出 ΔX_F,根据计算得到自由光谱范围和所需的 x 轴增益,测出与自由光谱范围相对应的标尺长度,并计算二者比值,并确定每小格所代表的频率间隔值。

(7) 在同一个干涉序 K 内观测。根据纵模定义并对照频谱特征,确定纵模个数,测量 ΔX,ΔX_1,δx,计算出纵模频率间隔,并与理论值比较,判断观测是否正确。

(8) 根据横模的频谱特征,确定在同一干涉序 K 内有几个不同的横模,测出不同的横模频率间隔 $\Delta \nu_{\Delta m + \Delta n = 1}$,并与理论值比较。

五、注意事项

实验中尽量减少振动和干扰,示波器上才能得到稳定的干涉信号。

六、思考题

1. 什么是激光纵模?试估算腔长 $L = 250 \, nm$ 的 He - Ne 激光器发射的 632.8 nm 的激光最大可能有的纵模数。

2. 用扫描干涉仪能测量激光谱线的线宽吗?

3. 如果要不用共焦扫描干涉仪,试想还有什么实验方法,可以观测激光的模式?

3 - 3   非线性晶体的二倍频与和频

一、实验目的

(1) 了解非线性光学的基本原理。

(2) 掌握二倍频、和频的产生原理及方法。

(3) 分析影响倍频转换效率的主要原因。

(4) 认识相位匹配在非线性光学过程中的重要作用。

二、实验原理

1. 介质的极化

当频率为 ω 的光入射介质后,引起介质中原子的极化,产生极化强度矢量,它和入射场的关系式为

$$P = \chi^{(1)} E + \chi^{(2)} E^2 + \chi^{(3)} E^3 + \cdots$$

其中 $\chi^{(1)}, \chi^{(2)}, \chi^{(3)}, \cdots$ 分别称为线性极化率、二级非线性极化率、三级非线性极化率……，并且 $\chi^{(1)} \gg \chi^{(2)} \gg \chi^{(3)} \cdots$，在一般情况下，每增加一次极化，$\chi$ 会减小七八个数量级。由于入射光是变化的，其振幅为 $E = E_0 \sin \omega t$，所以极化强度也是变化的。根据电磁场理论，变化的极化场可作为辐射源产生电磁波 —— 新的光波。在入射光的电场比较小时（比原子内的场强还小），$\chi^{(2)}, \chi^{(3)}$ 等极小，P 与 E 成线性关系 $P = \chi^{(1)} E$。新的光波与入射光具有相同的频率，这就是通常的线性光学现象。但当入射光的电场较强时，不仅有线性现象，而且非线性现象也不同程度的表现出来。新的光波中不仅含有入射的基波频率，还有二次谐波、三次谐波等频率的产生，形成能量转移、频率交换。激光是高强度光，它的出现使得非线性光学得到迅速发展。

2. 二级非线性光学效应

虽然许多介质都可以产生非线性光学效应，但具有中心结构的某些晶体和各项同性介质（如气体），由于式（3 - 3 - 1）中的偶级项为零，只含有奇级项（最低为三级），因此要观测二级非线性效应只能在具有非中心对称的一些晶体中进行，如 KDP，$LiNO_3$ 晶体等等。

从波的耦合，分析二级非线性效应产生原理。设有下列两波同时作用于介质：

$$E_1 = A_1 \cos(\omega_1 t + k_1 z) \tag{3 - 3 - 1}$$

$$E_2 = A_2 \cos(\omega_2 t + k_2 z) \tag{3 - 3 - 2}$$

介质产生的极化强度应为两列波的叠加

$$
\begin{aligned}
P &= \chi^{(2)} \left[A_1 \cos(\omega_1 t + k_1 z) + A_2 \cos(\omega_2 t + k_2 z) \right]^2 \\
&= \left[A_1^2 \cos^2(\omega_1 t + k_1 z) + A_2^2 \cos^2(\omega_2 t + k_2 z) \right. \\
&\quad \left. + 2 A_1 A_2 \cos(\omega_1 t + k_1 z) \cos(\omega_2 t + k_2 z) \right]
\end{aligned}
\tag{3 - 3 - 3}
$$

经推导得出，二级非线性极化波应包含有下面几种不同的频率成分：

$$P_{2\omega_1} = \frac{\chi^{(2)}}{2} A_1^2 \cos[2(\omega_1 t + k_1 z)] \tag{3 - 3 - 4}$$

$$P_{2\omega_2} = \frac{\chi^{(2)}}{2} A_2^2 \cos[2(\omega_2 t + k_2 z)] \tag{3 - 3 - 5}$$

$$P_{\omega_1 + \omega_2} = \chi^{(2)} A_1 A_2 \cos[(\omega_1 + \omega_2)t + (k_1 + k_2)z] \tag{3 - 3 - 6}$$

$$P_{\omega_1 - \omega_2} = \chi^{(2)} A_1 A_2 \cos[(\omega_1 - \omega_2)t + (k_1 - k_2)z] \tag{3 - 3 - 7}$$

$$P_{直流} = \frac{\chi^{(2)}}{2} (A_1^2 + A_2^2) \tag{3 - 3 - 8}$$

从以上看出，二级效应中含有基频波的倍频分量 $2\omega_1, 2\omega_2$，和频分量（$\omega_1 + \omega_2$），差频分量（$\omega_1 - \omega_2$）和直流分量。因此二级效应可用以实现倍频、和频、差频及参量振荡等过程。

当只有一种频率为 ω 的光入射介质时，那么二级非线性效应就只有除基频外的一种频率（2ω）的光波产生，称为二倍频或二次谐波。二倍频是最基本、应用最广泛的一种技术。第一个非线性效应实验，就是在第一台红宝石激光器问世后不久，利用红宝石 $0.6943\ \mu m$ 激光在石英晶体中观察到的紫外倍频激光。后来又有人利用此技术将晶体的 $1.06\ \mu m$ 红外激光转换成 $0.53\ \mu m$ 的绿光，从而满足了水下通信和探测等工作对波段的要求。

当 $\omega_1 \neq \omega_2$ 时，产生的 $\omega_3 = \omega_1 + \omega_2$ 的光波叫和频，如入射的光波分别为 ω 和 2ω，和频后得到 $3\omega = \omega + 2\omega$（数值上等于三倍频，此非三倍频非线性效应）。

3. 非线性极化系数

非线性极化系数决定极化强度的大小,在线性关系 $P = \chi^{(1)} E$ 中,对各向同性的介质,$\chi^{(1)}$ 只是与外场大小有关而与方向无关的常量;对于各向异性介质,$\chi^{(1)}$ 不仅与外场大小有关,而且与方向有关。在三维空间里,是个二阶张量,有 9 个矩阵元 d_{ij},每个矩阵元称为线性极化系数。

在非线性关系 $P = \chi^{(2)} E^2$ 中,$\chi^{(2)}$ 是三阶张量,在三维直角坐标系中有 27 个分量。由于非线性极化系数的对称性,矩阵元减为 18 个分量,在倍频情况下

$$\begin{bmatrix} P_x \\ P_y \\ P_z \end{bmatrix} = \begin{bmatrix} d_{11} & \cdots & d_{16} \\ d_{21} & \cdots & d_{26} \\ d_{31} & \cdots & d_{36} \end{bmatrix} \begin{bmatrix} E_x^2 \\ E_y^2 \\ E_z^2 \\ 2E_y E_z \\ 2E_z E_x \\ 2E_x E_y \end{bmatrix} \qquad (3-3-9)$$

P 和 E 的下角标表示三个不同方向上的分量。

各种非线性晶体都有特殊的对称性,矩阵元线性极化系数 d_{ij} 的值有些为零,有些相等,有些相反。无对称中心晶体的 d_{ij},独立的分量数目仅有有限的几个,如 KDP 晶体

$$d_{ij} = \begin{bmatrix} 0 & 0 & 0 & d_{14} & 0 & 0 \\ 0 & 0 & 0 & 0 & d_{25} & 0 \\ 0 & 0 & 0 & 0 & 0 & d_{36} \end{bmatrix} \qquad (3-3-10)$$

其中 $d_{14} = d_{25}$,在一定的条件下,也可以 $d_{14} = d_{36}$。

又如 $LiNO_3$ 晶体,有 d_{ij}

$$d_{ij} = \begin{bmatrix} 0 & 0 & 0 & 0 & d_{15} & -d_{22} \\ -d_{22} & d_{22} & 0 & d_{15} & 0 & 0 \\ d_{31} & d_{31} & d_{33} & 0 & 0 & 0 \end{bmatrix} \qquad (3-3-11)$$

其中 $d_{31} = d_{15}$,查阅有关资料可得到它们的具体数值。实际应用中,我们总希望选取 d_{ij} 值大、性能稳定又经济实惠的晶体材料。

4. 相位匹配及实现方法

极化强度与入射光强和非线性极化系数有关,但并非只要入射光强足够强,使用非线性极化系数尽量大的晶体,就可以获得较好的倍频效果。要获得较好的倍频效果,还需要满足一个重要条件 —— 相位匹配。

实验证明,只有具有特定偏振方向的线偏振光,以某一特定角度入射晶体时,才能获得良好的倍频效果,而以其他角度入射时,则倍频效果很差,甚至完全不出倍频光。根据倍频转换效率定义

$$\eta = \frac{P^{(2\omega)}}{P^{(\omega)}} \qquad (3-3-12)$$

经理论推导

$$\eta \propto \frac{\sin^2(L \cdot \Delta k/2)}{(L \cdot \Delta k/2)^2} \cdot d \cdot L^2 \cdot E_\omega^2 \qquad (3-3-13)$$

η 与 $L \cdot \Delta k/2$ 的关系曲线如图 3-3-1 所示。要获得最大的转换效率,就要使 $L \cdot \Delta k/2 = 0$,L 是倍频晶体的通光长度,不能等于 0,因此应 $\Delta k = 0$,即

$$\Delta k = 2k_1 - k_2 = \frac{4\pi}{\lambda_1}(n^{\omega} - n^{2\omega}) = 0 \qquad (3-3-14)$$

就是使

$$n^{\omega} = n^{2\omega} \qquad (3-3-15)$$

n^{ω} 和 $n^{2\omega}$ 分别为晶体对基频光和倍频光的折射率,只有当基频光和倍频光的折射率相等时,才能产生良好的倍频效果,是提高倍频效果的必要条件,称为相位匹配条件。

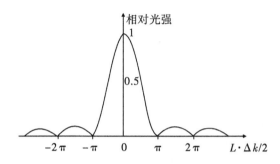

图 3-3-1　倍频效率与 L·Δk/2 的关系

由于 $v_{\omega} = c/n^{\omega}$,$v_{2\omega} = c/n^{2\omega}$ 分别为基频光和倍频光在晶体中的传播速度,满足式 (3-3-15) 就是要求基频光和倍频光在晶体中的传播速度相等。可以清楚地看到,所谓相位匹配条件的物理实质就是使基频光在晶体中沿途各点激发的倍频光传播到出射面时,都具有相同的相位,这样可以干涉增强,从而达到好的倍频效果,否则将会相互削弱,甚至抵消。

实现相位匹配条件的方法,需要利用各向异性晶体的双折射效应,寻找基频的 o 光折射率与倍频的 e 光折射率相等的相位匹配角 θ_m,当光波沿着与光轴成 θ_m 角方向传播时,即可满足相位匹配条件,实现 $\Delta k = 0$。θ_m 可由下式计算得出

$$\sin^2 \theta_m = \frac{(n_o^{\omega})^{-2} - (n_o^{2\omega})^{-2}}{(n_e^{2\omega})^{-2} - (n_o^{2\omega})^{-2}} \qquad (3-3-16)$$

式中 n_o^{ω},$n_o^{2\omega}$,$n_e^{2\omega}$ 可查表 3-3-1 得到。

表 3-3-1　几种材料的相位匹配角

晶体	$\lambda/\mu m$	n_o	n_e	θ_m
铌酸锂	1.06	2.231	2.152	87°
	0.53	2.320	2.230	
碘酸锂	1.06	1.860	1.719	29°30′
	0.53	1.901	1.750	
KD⁴P	1.06	1.495	1.455	30°57′
	0.53	1.507	1.467	

相位匹配角是指晶体中基频光相对于晶体光轴 Z 方向的夹角,而不是与入射面法线的夹角。为了减少反射损失和便于调节,实验中总希望让基频光正射入晶体表面,所以加工倍频晶

体时,须按一定方向切割晶体,以使晶面法线方向和光轴方向成 θ_m,如图 3-3-2 所示。

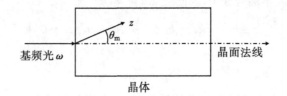

图 3-3-2　非线性晶体的切割

5. 倍频光的脉冲宽度和线宽

由于倍频光与入射基频光强的平方成比例,倍频光脉冲宽度 t 和相对线宽 ν 都比基频光变窄,如图 3-3-3 所示。

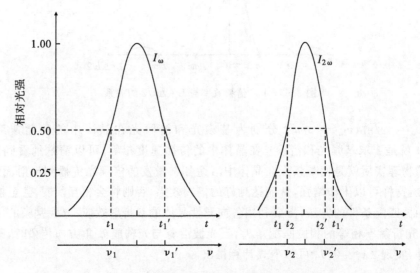

图 3-3-3　基频光与倍频光的脉宽及相对线宽比较

假设在 $t = t_0$ 时,基频和倍频光具有相同的极大值,基频光在 t_1 和 t'_1 时,功率为峰值的 $1/2$,脉冲宽度 $\Delta t_1 = t'_1 - t_1$,而在相同的时间间隔内,倍频光的功率却为峰值的 $1/4$,倍频光的脉冲宽度 $t'_2 - t_2 < t'_1 - t_1$,即 $\Delta t_2 < \Delta t_1$,脉冲宽度变窄。同样的道理,可得到倍频后的谱线宽度也会变窄。

三、实验装置

采用腔外倍频结构装置,如图 3-3-4 所示。

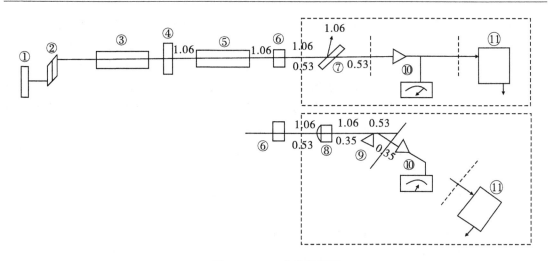

图 3 - 3 - 4　实验装置图

①～④构成 YAG 激光器振荡级。其中:①是 1.06 μm 全反射镜;②是 LiNbO$_3$ 单块双 45°调 Q 晶体;③为 YAG 激光器的主体,包括 YAG 棒、氙灯、聚光和冷却系统;④是输出端平面反射镜,对 1.06 μm 激光半透射半反射,输出能量大于 50 mJ,经边束调制的 YAG 调 Q 激光器产生的 1.06 μm 激光是全偏振光,通常为偏振方向在竖直方向上的 o 光,以满足倍频晶体相位匹配 o＋o → e 的要求。⑤YAG 放大级,没有谐振腔。仅对输入的 1.06 μm 激光增强放大,放大后的能量大于 200 mJ,脉宽约 20 ns,线宽约 0.1Å。⑥铌酸锂倍频晶体,将 1.06 μm 的红外激光转变成 0.53 μm 的绿光。晶体的入射面镀有对 1.06 μm 的增透膜,出射面镀有对 0.53 μm 的增透膜,倍频效率约 10％～15％。它置于有刻度的可调旋转台上,用以改变入射光的角度。LiNbO$_3$晶体易损伤,操作时要细心。⑦对波长 1.06 μm 全反射、0.53 μm 全透射的平面分光镜(也可用棱镜)。目的是将 0.53 μm 的绿光滤出,以便进行能量测量。⑧KD*P 三倍频晶体,将 1.06 μm 的红光与 0.53 μm 的绿光和频,产生 0.35 μm 紫外光(当用观察屏接收时可看到紫色荧光)。晶体的输入窗口上注有对两束光偏振方向的要求。⑨石英分光棱镜,将 1.06 μm,0.53 μm 和 0.35 μm 激光按不同角度出射,目的是把 0.35 μm 光分离出,以便进行能量测量。⑩LPA－IA 型激光功率／能量计,可测连续激光功率和脉冲激光能量。光谱响应范围 0.25～25 μm,量程是 0.001 mW/mJ～1.999 W/J,内分四挡,分辨率为 1 μW/μJ。⑪WDG30 光栅单色仪。实验中用来鉴定倍频及和频后激光的波长值,当选用一块 1200 线／mm 光栅时,波长范围是 380～760 nm,波长准确度 2 Å,分辨率 ≤ 1 Å,狭缝宽度 0.01～3 mm,高度 1～10 mm。

四、实验步骤

(1) 调整激光器出射光方向,使其和基座导轨同方向并与导轨上各光学器件处于等高的水平方向,这样便于接收调节。检测 YAG 激光器输出光功率是否正常,微调 YAG 放大器基座,与激光器保持共轴,使输出功率最佳。对 1.06 μm 不可见的红外激光除可用能量计准确测定其能量值外,还可用烧斑纸对光的有无和能量的大小进行粗略检查。

(2) 将倍频晶体、平面分光镜、能量计放置在同一水平高度上。

(3) 转动倍频晶体,使 1.06 μm 的基频光以不同角度入射于晶体(可在已知的 θ_m 理论值附近±20°范围内)。每0.5°改变一次,测出倍频光的能量与入射角的对应关系,画出$I_{2m}-\theta$曲线,求出最佳θ值,并与理论值作比较,从光强的变化中也可看出,当倍频光由弱的圆环或散开的光斑缩为一耀眼的光点时,即达到了最佳匹配状态。在我们对某一波长的激光进行能量测量时,要注意将待测激光与其他波长的激光及闪光灯的荧光彻底分离开,防止后者中有部分光也同时进入能量计,会影响到测值的准确。鉴于光束的发散,能量计与倍频晶体一般保持在10 cm处。在测量的过程中,能量计放置的角度也会随着出射光方向的改变稍有变化。

(4) 将倍频晶体固定在最佳倍频位置,用能量计分别测出1.06 μm的输入光强及0.53 μm的倍频光强,计算出倍频效率$\eta = I_{2\omega}/I_\omega$,反复测三遍,取平均结果。

(5) 改变 YAG 激光器电源电压,即改变1.06 μm基频输入光强,用能量计测出倍频光强随基频光强的关系曲线$I_{2\omega}-I_\omega$,用取对数的方法证明:$I_{2\omega} \propto I_\omega^2$。

(6) 进行和频实验,将平面反射镜取下,让剩余的1.06 μm基频光与0.53 μm倍频光同时进入三倍频晶体输入端窗口。转动三倍频晶体,使入射的基频光与倍频光的偏振方向满足和频时晶体的要求,才能达到好的和频效果。再在输出端用石英分光棱镜将0.35 μm激光分离出来,用能量计测出其能量,求出三倍频晶体的转换效率$\eta = I_{3\omega}/I_\omega$。

(7) 用单色仪分别鉴定倍频光与和频光的波长值,从而证明非线性光学效应的存在。单色仪的使用参看仪器说明书。

(＊8) 观察倍频光脉冲宽度和相对线宽变窄的现象,请同学自己设计观测方法。＊ 为选作。

五、注意事项

由于本实验具有强光和高压电,为保证安全,必须首先仔细阅读实验室注意事项,然后才开始操作。

六、思考题

1. 欲获得0.35 μm的紫外光,为何采用1.06 μm和0.53 μm和频的方法,而不是直接用1.06 μm光的三倍频方法?

＊2. 为满足三倍频晶体对输入光偏振态的要求,如何判定1.06 μm和0.53 μm两种光的偏振方向(晶体的输入端窗口注有要求)?

3－4 椭圆偏振仪测量折射率和薄膜厚度

在现代科技中对各种薄膜的研究和应用日益广泛。更加精确和迅速地测定给定薄膜的光学参数变得非常迫切和重要。实际工作中虽然可以利用各种传统的方法测定光学参数(如布儒斯特角法测介质膜的折射率、干涉法测膜厚等),但椭圆偏振法(简称椭偏法)具有独特的优点:较灵敏(可探测生长中的薄膜小于0.1nm 的厚度变化)、测量精度高(比一般的干涉法高一至二个数量级)、非破坏性测量等,因此是一种先进的测量纳米级薄膜厚度的方法。它能同时测定膜的厚度和折射率(以及吸收系数)。目前椭圆偏振法测量已在光学、半导体、生物、医学等诸方面得到较为广泛的应用。这个方法的原理几十年前就已被提出,但由于计算过程太复杂,一般很难直接从测量值求得方程的解析解,直到广泛应用计算机以后,才使该方法具有了新的活力。目前,椭偏法的应用处在不断的发展中。

一、实验目的

(1) 了解椭圆偏振法测量薄膜参数的基本原理。
(2) 初步掌握椭圆偏振仪的使用方法,并对薄膜厚度和折射率进行测量。

二、实验原理

椭偏法测量的基本思路是,起偏器产生的线偏振光经取向一定的 1/4 波片后成为特殊的椭圆偏振光,把它投射到待测样品表面时,只要起偏器取适当的透光方向,被待测样品表面反射出来的将是线偏振光。根据偏振光在反射前后的偏振状态变化,包括振幅和相位的变化,便可以确定样品表面的许多光学特性。

1. 椭偏方程与薄膜折射率和厚度的测量

图 3-4-1 所示为一光学均匀和各向同性的单层介质膜,它有两个平行的界面,通常,上部是折射率为 n_1 的空气(或真空),中间是一层厚度为 d 折射率为 n_2 的介质薄膜,下层是折射率为 n_3 的衬底,介质薄膜均匀地附在衬底上,当一束光射到膜面上时,在界面 1 和界面 2 上形成多次反射和折射,并且各反射光和折射光分别产生多光束干涉,其干涉结果反映了膜的光学特性。

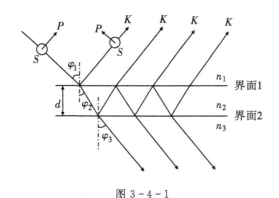

图 3-4-1

设 φ_1 表示光的入射角,φ_2 和 φ_3 分别为在界面 1 和界面 2 上的折射角,根据折射定律有

$$n_1 \sin\varphi_1 = n_2 \sin\varphi_2 = n_3 \sin\varphi_3 \tag{3-4-1}$$

光波的电矢量可以分解成在入射面内振动的 p 分量和垂直于入射面振动的 s 分量。若用 E_{ip} 和 E_{is} 分别代表入射光的 p 分量和 s 分量,用 E_{rp} 及 E_{rs} 分别代表各束反射光 $K_0, K_1, K_2, \cdots$ 中电矢量的 p 分量之和及 s 分量之和,则膜对两个分量的总反射系数 R_p 和 R_s 定义为

$$R_P = E_{rp}/E_{ip} \quad , \quad R_s = E_{rs}/E_{is} \tag{3-4-2}$$

经计算可得

$$E_{rs} = \frac{r_{1s} + r_{2s}\mathrm{e}^{-i2\delta}}{1 + r_{1s}r_{2s}\mathrm{e}^{-i2\delta}}E_{is} \qquad E_{rp} = \frac{r_{1p} + r_{2p}\mathrm{e}^{-i2\delta}}{1 + r_{1p}r_{2p}\mathrm{e}^{-i2\delta}}E_{ip} \tag{3-4-3}$$

式中,r_{1p} 或 r_{1s} 和 r_{2p} 或 r_{2s} 分别为 p 分量或 s 分量在界面 1 和界面 2 上一次反射的反射系数;2δ 为任意相邻两束反射光之间的位相差。根据电磁场的麦克斯韦方程和边界条件,可以证明

$$r_{1p} = \tan(\varphi_1 - \varphi_2)/\tan(\varphi_1 + \varphi_2), \quad r_{1s} = -\sin(\varphi_1 - \varphi_2)/\sin(\varphi_1 + \varphi_2);$$

$$r_{2p} = \tan(\varphi_2 - \varphi_3)/\tan(\varphi_2 + \varphi_3), \quad r_{2s} = -\sin(\varphi_2 - \varphi_3)/\sin(\varphi_2 + \varphi_3). \tag{3-4-4}$$

式（3-4-4）即著名的菲涅尔（Fresnel）反射系数公式。由相邻两反射光束间的程差，不难算出

$$2\delta = \frac{4\pi d}{\lambda} n_2 \cos\varphi_2 = \frac{4\pi d}{\lambda} \sqrt{n_2^2 - n_1^2 \sin^2\varphi_1} \tag{3-4-5}$$

式中，λ 为真空中的波长；d 和 n_2 为介质膜的厚度和折射率。

在椭圆偏振法测量中，为了简便，通常引入另外两个物理量 ψ 和 Δ 来描述反射光偏振态的变化。它们与总反射系数的关系定义为

$$\tan\psi \cdot e^{i\Delta} = R_p/R_s = \frac{(r_{1p} + r_{2p}e^{-i2\delta})(1 + r_1 r_{2s}e^{-i2\delta})}{(1 + r_{1p} r_{2p}e^{i2\delta})(r_{1s} + r_{2s}e^{i2\delta})} \tag{3-4-6}$$

式（3-4-6）简称为椭偏方程，其中的 ψ 和 Δ 称为椭偏参数（由于具有角度量纲也称椭偏角）。

由式（3-4-1），式（3-4-4），式（3-4-5）和式（3-4-6）可以看出，参数 ψ 和 Δ 是 n_1, n_2, n_3, λ 和 d 的函数，其中 n_1, n_3, λ 和 φ_1 可以是已知量，如果能从实验中测出 ψ 和 Δ 的值，原则上就可以算出薄膜的折射率 n_2 和厚度 d。这就是椭圆偏振法测量的基本原理。

究竟 ψ 和 Δ 的具体物理意义是什么，如何测出它们，以及测出后又如何得到 n_2 和 d，进一步的讨论。

2. ψ 和 Δ 的物理意义

用复数形式表示入射光和反射光的 p 分量和 s 分量

$$E_{ip} = |E_{ip}| \exp(i\theta_{ip}), \qquad E_{is} = |E_{is}| \exp(i\theta_{is});$$
$$E_{rp} = |E_{rp}| \exp(i\theta_{rp}), \qquad E_{rs} = |E_{rs}| \exp(i\theta_{rs}) \tag{3-4-7}$$

式中各绝对值为相应电矢量的振幅，各 θ 值为相应界面处的相位。

由式（3-4-6），式（3-4-2）式（3-4-7）可以得到

$$\tan\psi \cdot e^{i\Delta} = \frac{|E_{rp}| \, |E_{is}|}{|E_{rs}| \, |E_{ip}|} \exp\{i[(\theta_{rp} - \theta_{rs}) - (\theta_{ip} - \theta_{is})]\} \tag{3-4-8}$$

比较等式两端即可得

$$\tan\psi = \frac{|E_{rp}| \, |E_{is}|}{|E_{rs}| \, |E_{ip}|} \tag{3-4-9}$$

$$\Delta = (\theta_{rp} - \theta_{rs}) - (\theta_{ip} - \theta_{is}) \tag{3-4-10}$$

式（3-4-9）表明，参量 ψ 与反射前后 p 和 s 分量的振幅比有关。而式（3-4-10）表明，参量 Δ 与反射前后 p 和 s 分量的相位差有关。可见，ψ 和 Δ 直接反映了光在反射前后偏振态的变化。一般规定，ψ 和 Δ 的变化范围分别为 $0 \leqslant \psi < \pi/2$ 和 $0 \leqslant \Delta < 2\pi$。

当入射光为椭圆偏振光时，反射后一般为偏振态（指椭圆的形状和方位）发生了变化的椭圆偏振光（除开 $\psi < \pi/4$ 且 $\Delta = 0$ 的情况）。为了能直接测得 ψ 和 Δ，须将实验条件作某些限制以使问题简化，也就是要求入射光和反射光满足以下两个条件：

（1）要求入射在膜面上的光为等幅椭圆偏振光（即 p 和 s 二分量的振幅相等），这时，$|E_{ip}| \, / \, |E_{is}| = 1$，式（3-4-9）则简化为

$$\tan\psi = |E_{rp}| \, / \, |E_{rs}| \tag{3-4-11}$$

（2）要求反射光为一线偏振光，也就是要求 $\theta_{rp} - \theta_{rs} = 0$（或 π），式（3-4-10）则简化为

$$\Delta = -(\theta_{ip} - \theta_{is}) \tag{3-4-12}$$

满足后一条件并不困难。因为对某一特定的膜，总反射系数比 R_p/R_s 是一定值。式（3-4-6）决

定了 Δ 也是某一定值。根据式(3-4-10)可知,只要改变入射光二分量的位相差$(\theta_{ip} - \theta_{is})$,直到其大小为一适当值,就可以使$(\theta_{ip} - \theta_{is}) = 0$(或$\pi$),从而使反射光变成一线偏振光。利用一检偏器可以检验此条件是否已满足。

以上两条件都得到满足时,式(3-4-11)表明,$\tan\psi$ 恰好是反射光的 p 分量和 s 分量的幅值比,ψ 是反射光线偏振方向与 s 方向间的夹角,如图 3-4-2 所示。式(3-4-12)则表明,Δ 只与反射光的 p 分量和 s 分量的相位差有关,可从起偏器的方位角算出。对于特定的膜,Δ 是定值,只要改变入射光两分量的相位差$(\theta_{ip} - \theta_{is})$,肯定会找到特定值使反射光成线偏光,$(\theta_{ip} - \theta_{is}) = 0$(或$\pi$)。

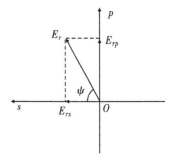

图 3-4-2

3. ψ 和 Δ 的测量

实现椭圆偏振法测量的仪器称为椭圆偏振仪(简称椭偏仪),它的光路原理如图 3-4-3 所示。氦氖激光管发出的波长为λ的自然光,先后通过起偏器 Q,1/4 波片 C 入射在待测薄膜 F 上,反射光通过检偏器 R 射入光电接收器 T。如前所述,p 和 s 分别代表平行和垂直于入射面的二个方向,t 代表 Q 的偏振方向,t_r 代表 R 的偏振方向,f 代表 1/4 波片 C 的快轴方向,对于负晶体是指平行于光轴的方向,对于正晶体是指垂直于光轴的方向,l 代表 1/4 波片 C 的慢轴方向,对于负晶体是指垂直于光轴方向,对于正晶体是指平行于光轴方向。无论起偏器的方位如何,经过它获得的线偏振光再经过1/4 波片后一般成为椭圆偏振光。为了在膜面上获得 p 和 s 二分量等幅的椭圆偏振光,只须转动 1/4 波片,使其快轴方向 f 与 s 方向的夹角 $\alpha = \pm\pi/4$ 即可。为了进一步使反射光变成为一线偏振光 E,可转动起偏器,使它的偏振方向 t 与 s 方向间的夹角 P_1 为某些特定值。这时,如果转动检偏器 R 使它的偏振方向 t_r 与 E_r 垂直,则仪器处于消光状态,光电接收器 T 接收到的光强最小,检流计的示值也最小,ψ 为此刻检偏刻度盘的数值(读数方法类似于游标卡尺)。

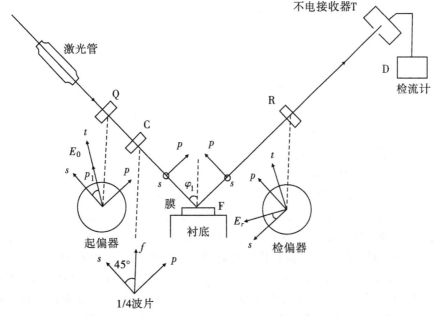

图 3-4-3　从 Q,C 和 R 用虚线引下的三个插图都是迎光线看去的

　　下面就上述的等幅椭圆偏振光的获得及 P_1 与 Δ 的关系作进一步的说明,如图 3-4-4 所示,设已将 1/4 波片置于其快轴方向 f 与 s 方向间夹角为 $\pi/4$ 的方位,E_0 为通过起偏器后的电矢量,P_1 为 E_0 与 s 方向间的夹角(以下简称起偏角,下标 1 表示第一次数据)。由晶体光学可知,通过 1/4 波片后,E_0 沿快轴的分量 E_f 与沿慢轴的分量 E_l 比较,位相上超前 $\pi/2$,用数学式可以表达成

$$E_f = E_0 \cos\left(\frac{\pi}{4} - P_1\right) e^{i\frac{\pi}{2}} = iE_0 \cos\frac{\pi}{4} - P_1 \tag{3-4-13}$$

$$E_l = E_0 \sin\left(\frac{\pi}{4} - P_1\right) \tag{3-4-14}$$

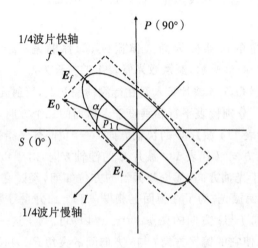

图 3-4-4

从它们在 p 和 s 两个方向的投影可得到 p 和 s 的电矢量分别为

$$E_{ip} = E_f \cos\frac{\pi}{4} - E_l \cos\frac{\pi}{4} = \frac{\sqrt{2}}{2} E_0 e^{i(\frac{3\pi}{4} - p_1)} \tag{3-4-15}$$

$$E_{is} = E_f \sin\frac{\pi}{4} - E_l \sin\frac{\pi}{4} = \frac{\sqrt{2}}{2} E_0 e^{i(\frac{\pi}{4} + p_1)} \tag{3-4-16}$$

由式(3-4-15)和式(3-4-16)看出,当 1/4 波片放置在 $+\pi/4$ 角位置时,的确在 p 和 s 二方向上得到了幅值均为 $\sqrt{2}E_0/2$ 的椭圆偏振入射光。p 和 s 的位相差为

$$\Delta = -(\theta_{ip} - \theta_{is}) = \pi/2 - 2P_1 \tag{3-4-17}$$

　　至于 ψ_1,可以在消光状态下直接读出检偏方位角。

　　测量中,为了提高测量的准确性,常常不是只测一次消光状态所对应的 P_1 和 ψ_1 值,而是将四种(或二种)消光位置所对应的四组 (P_1, ψ_1),(P_2, ψ_2),(P_3, ψ_3) 和 (P_4, ψ_4) 值测出,经处理后再算出 Δ 和 ψ 值,其中,(P_1, ψ_1) 和 (P_2, ψ_2) 所对应的是 1/4 波片快轴相对于 s 方向置 $+\pi/4$ 时的两个消光位置(反射后 p 和 s 光的位相差为 0 或为 π 时均能合成线偏振光),而 (P_3, ψ_3) 和 (P_4, ψ_4) 对应的是 1/4 波片快轴相对于 s 方向置 $-\pi/4$ 的两个消光位置(可以证明 $|P_1 - P_2| = 90°$,$\psi_2 = -\psi_1$,$|P_3 - P_4| = 90°$,$\psi_4 = -\psi_3$)。求 Δ 和 ψ 的方法如下所述。

　　我们可以改变起偏角 p 的数值,使得 $\beta_{ip} - \beta_{is}$ 等于 π 或等于 0,反射光也就成为线偏振光了,很容易用检偏器检验。当检偏器透光方向 t 与线偏振光垂直时就消光。现在我们先引入一

个过度的消光时读出检偏方位角 A，讨论反射线偏振光的两种不同情况下的 Δ 和 ψ 值。

(1)$\beta_{ip} - \beta_{is} = \pi$

此时，反射光的偏振方向在第 Ⅱ，Ⅳ 象限，因此 A 的数值在第 Ⅰ，Ⅲ 象限。通常仪器中 A 取 Ⅰ，Ⅱ 象限的数值，我们把第 Ⅰ 象限的 A 记做 A_1，把他相应的起偏角记为 P_1，把取值在第 Ⅱ 象限的 A 记为 A_2，与它相应的 P 记为 P_2。

(2)$\beta_{ip} - \beta_{is} = 0$

此时，反射光的偏振方向在第 Ⅰ，Ⅲ 象限，因此 A 的数值在第 Ⅱ，Ⅳ 象限。把取值在第 Ⅱ 象限的 A 记为 A_2。

我们把上面两种情形所得结果归纳如下：

$$\begin{cases} 0 < A_1 < \dfrac{\pi}{2} : \psi = A_1, \Delta = \dfrac{3\pi}{2} - 2P_1 \\ \dfrac{\pi}{2} < A_2 < \pi : \psi = \pi - A_2, \Delta = \dfrac{\pi}{2} - 2P_2 \end{cases} \tag{3-4-18}$$

给出的关系式正是我们所要导出的 ψ，Δ 测量公式。

显然，对于确定的体系和确定的测量条件，ψ，Δ 的值应该是确定的，当 A 和 p 的取值范围限制在 $0 \sim 180°$，有如下关系：

$$\begin{cases} A_1 = \pi - A_2 \\ P_1 = \begin{cases} P_2 + \pi/2 & (P_1 > P_2) \\ P_2 - \pi/2 & (P_1 < p_2) \end{cases} \end{cases} \tag{3-4-19}$$

4. 折射率 n_2 和膜厚 d 的计算

尽管在原则上由 ψ 和 Δ 能算出 n_2 和 d，但实际上要直接解出 (n_2, d) 和 (Δ, ψ) 的函数关系式是很困难的。一般在 n_1 和 n_2 均为实数(即为透明介质的)，并且已知衬底折射率 n_3(可以为复数)的情况下，将 (n_2, d) 和 (Δ, ψ) 的关系制成数值表或列线图而求得 n_2 和 d 值。编制数值表的工作通常由计算机来完成，制作的方法是，先测量(或已知)衬底的折射率 n_3，取定一个入射角 φ_1，设一个 n_2 的初始值，令 δ 从 0 变到 180°(变化步长可取 $\pi/180, \pi/90, \cdots$ 等)，利用式(3-4-4)，式(3-4-5)和式(3-4-6)，便可分别算出 d, Δ 和 ψ 值。然后将 n_2 增加一个小量进行类似计算，如此继续下去便可得到 $(n_2, d) \sim (\Delta, \psi)$ 的数值表。为了使用方便，常将数值表绘制成列线图。用这种查表(或查图)求 n_2 和 d 的方法，虽然比较简单方便，但误差较大，故目前日益广泛地采用计算机直接处理数据。

另外，求厚度 d 时还需要说明一点：当 n_1 和 n_2 为实数时，式(3-4-4)中的 φ_2 为实数，两相邻反射光线间的位相差"亦为实数，其周期为 2π。2δ 可能随着 d 的变化而处于不同的周期中。若令 $2\delta = 2\pi$ 时对应的膜层厚度为第一个周期厚度 d_0，由式(3-4-4)可以得到

$$d_0 = \frac{\lambda}{2\sqrt{n_2^2 - n_1^2 \sin^2 \varphi_1}} \tag{3-4-20}$$

由数值表，列线图或计算机算出的 d 值均是第一周期内的数值．若膜厚大于 d_0，可用其他方法(如干涉法)确定所在的周期数 j，则总膜厚是

$$D = (j-1)d_0 + d \tag{3-4-21}$$

5. 金属复折射率的测量

以上讨论的主要是透明介质膜光学参数的测量，膜对光的吸收可以忽略不计，因而折射率

为实数。金属是导电媒质，电磁波在导电媒质中传播要衰减，故各种导电媒质中都存在不同程度的吸收。理论表明，金属的介电常数是复数，其折射率也是复数。现表示为

$$\tilde{n}_2 = n - i\kappa \qquad (3-4-22)$$

式中，实部 n 并不相当于透明介质的折射率。换句话说，n 的物理意义不对应于光在真空中速度与介质中速度的比值，所以也不能从它导出折射定律；κ 称为吸收系数。

这里有必要说明的是，当 $\tilde{n}_2$ 为复数时，一般 φ_1 和 φ_2 也为复数。折射定律在形式上仍然成立，前述的菲涅尔反射系数公式和椭偏方程也成立．这时仍然可以通过椭偏法求得参量 d, n_2 和 k，但计算过程却要繁复得多。

本实验仅测厚金属铝的复折射率，为使计算简化，将式（3-4-22）写如下形式

$$\tilde{n}_2 = n - in\kappa \qquad (3-4-23)$$

由于待测厚金属铝的厚度 d 与光的穿透深度相比大得多，在膜层第二个界面上的反射光可以忽略不计，因而可以直接引用单界面反射的菲涅尔反射系数公式（3-4-4），经推算后得

$$n \approx \frac{n_1 \sin\varphi_1 \tan\varphi_1 \cos 2\psi}{1 + \sin 2\psi \cos\Delta} \qquad (3-4-24)$$

$$\kappa \approx \tan 2\psi \sin\Delta \qquad (3-4-25)$$

三、实验装置

实验采用 TP-77 型椭圆偏振检测仪。波长为 6328Å 的 He-Ne 激光器作为单色光源。入射角和反射角可在 $0 \sim 90°$ 内自由调节。该仪器的样品台可绕铅垂轴转动，其高度和水平可调。挨着检偏器有一窗口，窗下有一转换旋钮。可以改变旋钮位置，使经过检偏器的光或者射向观察窗或者射向光电倍增管。为保护光电倍增管，应该使旋钮经常处于观察窗的位置。只有当观察窗中光线变得相当暗时才能进一步利用光电倍增管和弱电流放大器来判断最佳消光位置。测量过程中 He-Ne 激光电源的输出功率因该是稳定的，一般 He-Ne 激光管电亮后需要稳定半小时再进行测试。

四、实验步骤

（1）将入射光管和反射光管都放到水平位置，调节 He-Ne 激光器使激光完全的进入反射光管。调节 P 至 $45°$，调节 A 使之消光，检查 A 应偏离 $135°$ 不超过 $2°$，否则需要调节四分之一波片的角度。

（2）调节样品台水平：将样品放在样品台上，卸下装有检波片的反射光管，将样品放置在样品台上使反射光斑达到远处，调节样品台的两个平行旋钮，使反射光斑在样品台旋转时位置保持不变。这样可以确保：从样品上反射的光在观察窗中呈现为完整的圆形亮斑；当转动样品台时；亮斑不要转动或出现残缺；当转动 P 和 A 两个角度调度旋钮时，对应于消失状态和非消失状态，圆板亮度要有非常明显的变化。

（3）装好反射光管，调节入射光管和反射光管，使入射角和反射角均等于 $70°$。调节样品台高度使反射光恰好入射到反射光管，此时，观察窗中的光强最强，观察到的消光现象明显。

（4）调节起偏器角度 P，检偏器角度 A，使消光。记录消光时的 P 和 A 值。理论上可知存在两个消光位置。其 P 值相差 $\pi/2$，A 值和为 π。为了消除因 1/4 波片不精确造成的偏差，应在 (A_1, P_1) 与 (A_2, P_2) 两个不同的消光位置分别测量，根据结果求 ψ 和 Δ。光电倍增管的高压取

700V。适当选择弱电流放大器的灵敏度,反复仔细调节 P 和 A 使光电流达到最小值。

（5）按要求得出样品厚度和折射率。

五、注意事项

（1）激光光源点亮后会发出较强的激光,对人眼会造成伤害,故在使用中,禁止直视光源。

（2）请参看仪器说明书,熟悉椭偏仪的具体结构和使用方法后再行操作。

（3）实验时为了减小测量误差,不但应将样品台调水平,还应尽量保证入射角 φ_1 放置的准确性,保证消光状态的灵敏判别。

六、思考题

1. 写出椭偏方程及各参数的物理意义?

2. 1/4 波片的作用是什么?

3. 入射光为什么为等幅偏振光,实验中如何获得?

4. 反射光为什么为线偏振光,实验中如何获得?

5. 用椭偏仪测薄膜的厚度和折射率时,对薄膜有何要求?

6. 在测量时,如何保证 φ_1 较准确?

7. 试证明:$|P_1 - P_2| = \pi/2$,$|P_3 - P_4| = \pi/2$。

3-5　法拉第磁光效应实验

1845 年,法拉第(M. Faraday)在探索电磁现象和光学现象之间的联系时,发现了一种现象:当一束平面偏振光穿过介质时,如在介质中沿光的传播方向上加上一个磁场,就会观察到光经过样品后偏振面转过一个角度,即磁场使介质具有了旋光性,这种现象后来就称为法拉第效应。法拉第效应第一次显示了光和电磁现象之间的联系,促进了对光本性的研究。后来费尔德(Verdet)对许多介质的磁致旋光现象进行了深入研究,发现了法拉第效应在固体、液体和气体中都存在。

法拉第效应有许多重要的应用,尤其在激光技术发展后,其应用价值越来越受到重视。如用于光纤通讯中的磁光隔离器,是应用法拉第效应中偏振面的旋转只取决于磁场的方向,而与光的传播方向无关,这样使光沿规定的方向通过同时阻挡反方向传播的光,从而减少光纤中器件表面反射光对光源的干扰;磁光隔离器也被广泛应用于激光多级放大和高分辨率的激光光谱,激光选模等技术中。在磁场测量方面,利用法拉第效应弛豫时间短的特点制成的磁光效应磁强计可以测量脉冲强磁场、交变强磁场。在电流测量方面,利用电流的磁效应和光纤材料的法拉第效应,可以测量几千安培的大电流和几兆伏的高压电流。

磁光调制主要应用于光偏振微小旋转角的测量技术,它是通过测量光束经过某种物质时偏振面的旋转角度来测量物质的活性,这种测量旋光的技术在科学研究、工业和医疗中有广泛的用途,在生物和化学领域以及新兴的生命科学领域中也是重要的测量手段。如物质的纯度控制、糖分测定;不对称合成化合物的纯度测定;制药业中的产物分析和纯度检测;医疗和生化中酶作用的研究;生命科学中研究核糖和核酸以及生命物质中左旋氨基酸的测量;人体血液中或尿液中糖份的测定等。在工业上,光偏振的测量技术可以实现物质的在线测量;在磁光物质的研制方面,光偏振旋转角的测量技术也有很重要的应用。

一、实验目的

(1) 用特斯拉计测量电磁铁磁头中心的磁感应强度,分析线性范围。

(2) 法拉第效应实验:正交消光法检测法拉第旋光玻璃的费尔德常数。

二、实验原理

实验表明,在磁场不是非常强时,如图 3-5-1 所示,偏振面旋转的角度 θ 与光波在介质中走过的路程 d 及介质中的磁感应强度在光的传播方向上的分量 B 成正比,即:

$$\theta = VBd \tag{3-5-1}$$

比例系数 V 由物质和工作波长决定,表征着物质的磁光特性,这个系数称为费尔德(Verdet)常数。

费尔德常数 V 与磁光材料的性质有关,对于顺磁、弱磁和抗磁性材料(如重火石玻璃等),V 为常数,即 θ 与磁场强度 B 有线性关系;而对铁磁性或亚铁磁性材料(如 YIG 等立方晶体材料),θ 与 B 不是简单的线性关系。

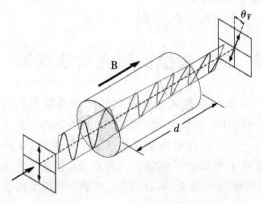

图 3-5-1　法拉第磁致旋光效应

表 3-5-1 为几种物质的费尔德常数。几乎所有物质(包括气体、液体、固体)都存在法拉第效应,不过一般都不显著。

表 3-5-1　几种材料的费尔德常数(单位:弧分 / 特斯拉·厘米)

物质	λ/mm	V
水	589.3	1.31×10^2
二硫化碳	589.3	4.17×10^2
轻火石玻璃	589.3	3.17×10^2
重火石玻璃	830.0	$8 \times 10^2 \sim 10 \times 10^2$
冕玻璃	632.8	$4.36 \times 10^2 \sim 7.27 \times 10^2$
石英	632.8	4.83×10^2
磷素	589.3	12.3×10^2

　　不同的物质,偏振面旋转的方向也可能不同。习惯上规定,以顺着磁场观察偏振面旋转绕向与磁场方向满足右手螺旋关系的称为"右旋"介质,其费尔德常数 $V > 0$;反向旋转的称为"左旋"介质,费尔德常数 $V < 0$。

　　对于每一种给定的物质,法拉第旋转方向仅由磁场方向决定,而与光的传播方向无关(不管传播方向与磁场同向或者反向),这是法拉第磁光效应与某些物质的固有旋光效应的重要区别。固有旋光效应的旋光方向与光的传播方向有关,即随着顺光线和逆光线的方向观察,线偏振光的偏振面的旋转方向是相反的,因此当光线往返两次穿过固有旋光物质时,线偏振光的偏振面没有旋转。而法拉第效应则不然,在磁场方向不变的情况下,光线往返穿过磁致旋光物质时,法拉第旋转角将加倍。利用这一特性,可以使光线在介质中往返数次,从而使旋转角度加大。这一性质使得磁光晶体在激光技术、光纤通信技术中获得重要应用。

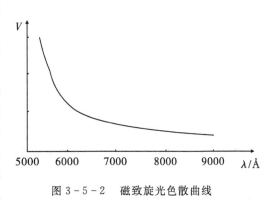

　　与固有旋光效应类似,法拉第效应也有旋光色散,即费尔德常数随波长而变,一束白色的线偏振光穿过磁致旋光介质,则紫光的偏振面要比红光的偏振面转过的角度大,这就是旋光色散。实验表明,磁致旋光物质的费尔德常数 V 随波长 λ 的增加而减小(见图 $3-5-2$),旋光色散曲线又称为法拉第旋转谱。

图 $3-5-2$　磁致旋光色散曲线

法拉第效应的唯象解释

　　从光波在介质中传播的图像看,法拉第效应可以做如下理解:一束平行于磁场方向传播的线偏振光,可以看作是两束等幅左旋和右旋圆偏振光的迭加。这里左旋和右旋是相对于磁场方向而言的。

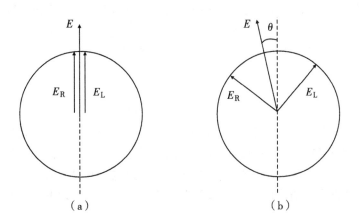

图 $3-5-3$　法拉第效应的唯象解释

　　如果磁场的作用是使右旋圆偏振光的传播速度 c/n_R 和左旋圆偏振光的传播速度 c/n_L 不等,于是通过厚度为 d 的介质后,便产生不同的相位滞后:

$$\varphi_R = \frac{2\pi}{\lambda}n_R d, \quad \varphi_L = \frac{2\pi}{\lambda}n_L d \tag{3-5-2}$$

式中，λ 为真空中的波长。这里应注意，圆偏振光的相位即旋转电矢量的角位移；相位滞后即角位移倒转。在磁致旋光介质的入射截面上，入射线偏振光的电矢量 E 可以分解为图 3-5-3(a) 所示两个旋转方向不同的圆偏振光 E_R 和 E_L，通过介质后，它们的相位滞后不同，旋转方向也不同，在出射界面上，两个圆偏振光的旋转电矢量如图 3-5-3(b) 所示。当光束射出介质后，左、右旋圆偏振光的速度又恢复一致，我们又可以将它们合成起来考虑，即仍为线偏振光。从图上容易看出，由介质射出后，两个圆偏振光的合成电矢量 E 的振动面相对于原来的振动面转过角度 θ，其大小可以由图 3-5-3(b) 直接看出，因为

$$\varphi_R - \theta = \varphi_L + \theta \tag{3-5-3}$$

所以

$$\theta = \frac{1}{2}(\varphi_R - \varphi_L) \tag{3-5-4}$$

由式(3-5-2) 得

$$\theta = \frac{\pi}{\lambda}(n_R - n_L)d = \theta_F \cdot d \tag{3-5-5}$$

当 $n_R > n_L$ 时，$\theta > 0$，表示右旋；当 $n_R < n_L$ 时，$\theta > 0$，表示左旋。假如 n_R 和 n_L 的差值正比于磁感应强度 B，由式(3-5-5) 便可以得到法拉第效应公式(3-5-1)。式中的 $\theta_F = \frac{\pi}{\lambda}(n_R - n_L)$ 为单位长度上的旋转角。因为在铁磁或者亚铁磁等强磁介质中，法拉第旋转角与外加磁场不是简单的正比关系，并且存在磁饱和，所以通常用 θ_F 的饱和值来表征法拉第效应的强弱。式(3-5-5) 也反映出法拉第旋转角与通过波长 l 有关，即存在旋光色散。

微观上如何理解磁场会使左旋、右旋圆偏振光的折射率或传播速度不同呢？上述解释并没有涉及这个本质问题，所以称为唯象理论。从本质上讲，折射率 n_R 和 n_L 的不同，应归结为在磁场作用下，原子能级及量子态的变化。这已经超出了我们所要讨论的范围，具体理论可以查阅相关资料。

其实，从经典电动力学中的介质极化和色散的振子模型也可以得到法拉第效应的唯象理解。在这个模型中，把原子中被束缚的电子看做是一些偶极振子，把光波产生的极化和色散看作是这些振子在外场作用下做强迫振动的结果。现在除了光波以外，还有一个静磁场 $\boldsymbol{B}$ 作用在电子上，于是电子的运动方程是

$$m \frac{\mathrm{d}^2 \boldsymbol{r}}{\mathrm{d}t^2} + k\boldsymbol{r} = -e\boldsymbol{E} - e\left(\frac{\mathrm{d}\boldsymbol{r}}{\mathrm{d}t}\right) \times \boldsymbol{B} \tag{3-5-6}$$

式中，$\boldsymbol{r}$ 是电子离开平衡位置的位移，m 和 e 分别为电子的质量和电荷，k 是这个偶极子的弹性恢复力。上式等号右边第一项是光波的电场对电子的作用，第二项是磁场作用于电子的洛仑兹力。为简化起见，略去了光波中磁场分量对电子的作用及电子振荡的阻尼（当入射光波长位于远离介质的共振吸收峰的透明区时成立），因为这些小的效应对于理解法拉第效应的主要特征并不重要。

假定入射光波场具有通常的简谐波的时间变化形式 $e^{\mathrm{i}\omega t}$，因为我们要求的特解是在外加光波场作用下受迫振动的稳定解，所以 $\boldsymbol{r}$ 的时间变化形式也应是 $e^{\mathrm{i}\omega t}$，因此式(3-5-6) 可以写成

$$(\omega_0^2 - \omega^2)\boldsymbol{r} + \mathrm{i}\frac{e}{m}\omega\boldsymbol{r} \times \boldsymbol{B} = -\frac{e}{m}\boldsymbol{E} \tag{3-5-7}$$

式中，$\omega_0 = \sqrt{k/m}$ 为电子共振频率。设磁场沿 $+z$ 方向，又设光波也沿此方向传播并且是右旋圆偏振光，用复数形式表示为

$$E = E_x e^{i\omega t} + i E_y e^{i\omega t}$$

将式(3-5-7)写成分量形式

$$(\omega_0^2 - \omega^2)x + i\frac{e\omega}{m}By = -\frac{e}{m}E_x \qquad (3-5-8)$$

$$(\omega_0^2 - \omega^2)y - i\frac{e\omega}{m}Bx = -\frac{e}{m}E_y \qquad (3-5-9)$$

将式(3-5-9)乘 i 并与式(3-5-8)相加可得

$$(\omega_0^2 - \omega^2)(x+iy) + \frac{e\omega}{m}B(x+iy) = -\frac{e}{m}(E_x + iE_y) \qquad (3-5-10)$$

因此，电子振荡的复振幅为

$$x+iy = \frac{e}{m(\omega_0^2 - \omega^2) + e\omega B}(E_x + iE_y) \qquad (3-5-11)$$

设单位体积内有 N 个电子，则介质的电极化强度矢量 $\boldsymbol{P} = -Ne\boldsymbol{r}$。由宏观电动力学的物质关系式 $\boldsymbol{P} = \varepsilon_0 \chi \boldsymbol{E}$（$\chi$ 为有效的极化率张量）可得

$$\chi = \frac{\varepsilon_0 \boldsymbol{E}}{\varepsilon_0 \boldsymbol{E}} = \frac{-Ne\boldsymbol{r}}{\varepsilon_0 \boldsymbol{E}} = \frac{-Ne(x+iy)e^{i\omega t}}{\varepsilon_0 (E_x + iE_y)e^{i\omega t}} \qquad (3-5-12)$$

将式(3-5-10)代入式(3-5-12)得到

$$\chi = \frac{Ne^2/m\varepsilon_0}{\omega_0^2 - \omega^2 + \dfrac{e\omega}{m}B} \qquad (3-5-13)$$

令 $\omega_c = eB/m$（ω_c 称为回旋加速角频率），则

$$\chi = \frac{Ne^2/m\varepsilon_0}{\omega_0^2 - \omega^2 + \omega\omega_c} \qquad (3-5-14)$$

由于 $n^2 = \varepsilon/\varepsilon_0 = 1 + \chi$，因此

$$n_R^2 = 1 + \frac{Ne^2/m\varepsilon_0}{\omega_0^2 - \omega^2 + \omega\omega_c} \qquad (3-5-15)$$

对于可见光，ω 为 $(2.5 \sim 4.7) \times 10^{15}\,\mathrm{s}^{-1}$，当 $B = 1\mathrm{T}$ 时，$\omega_c \approx 1.7 \times 10^{11}\,\mathrm{s}^{-1} \ll \omega$，这种情况下式(3-5-15)可以表示为

$$n_R^2 = 1 + \frac{Ne^2/m\varepsilon_0}{(\omega_0 + \omega_L)^2 - \omega^2} \qquad (3-5-16)$$

式中 $\omega_L = \omega_c/2 = (e/2m)B$，为电子轨道磁矩在外磁场中经典拉莫尔(Larmor)进动频率。

若入射光改为左旋圆偏振光，结果只是使 ω_L 前的符号改变，即有

$$n_L^2 = 1 + \frac{Ne^2/m\varepsilon_0}{(\omega_0 - \omega_L)^2 - \omega^2} \qquad (3-5-17)$$

对比无磁场时的色散公式

$$n^2 = 1 + \frac{Ne^2/m\varepsilon_0}{\omega_0^2 - \omega^2} \qquad (3-5-18)$$

可以看到两点：一是在外磁场的作用下，电子做受迫振动，振子的固有频率由 ω_0 变成 $\omega_0 \pm \omega_L$，这正对应于吸收光谱的塞曼效应；二是由于 ω_0 的变化导致了折射率的变化，并且左旋和右旋

圆偏振的变化是不相同的,尤其在 ω 接近 ω_0 时,差别更为突出,这便是法拉第效应。由此看来,法拉第效应和吸收光谱的塞曼效应是起源于同一物理过程。

实际上,通常 n_L,n_R 和 n 相差甚微,近似有

$$n_L - n_R \approx \frac{n_R^2 - n_L^2}{2n} \tag{3-5-19}$$

由式(3-5-5)得到

$$\frac{\theta}{d} = \frac{\pi}{\lambda}(n_R - n_L) \tag{3-5-20}$$

将式(3-5-19)代入上式得到

$$\frac{\theta}{d} = \frac{\pi}{\lambda} \cdot \frac{n_R^2 - n_L^2}{2n} \tag{3-5-21}$$

将式(3-5-16)、式(3-5-17)、式(3-5-18)代入式(3-5-21)得到

$$\frac{\theta}{d} = \frac{-Ne^3\omega^2}{2cm^2\varepsilon_0 n} \cdot \frac{1}{(\omega_0^2 - \omega^2)^2} \cdot B \tag{3-5-22}$$

由于 $\omega_L^2 \ll \omega^2$,在上式的推导中略去了 ω_L^2 项。由式(3-5-18)得

$$\frac{dn}{d\omega} = \frac{Ne^2}{m\varepsilon_0 n} \frac{\omega}{(\omega_0^2 - \omega)^2} \tag{3-5-23}$$

由式(3-5-22)和式(3-5-23)可以得到

$$\frac{\theta}{d} = \frac{-1}{2c} \cdot \frac{e}{m}\omega \cdot \frac{dn}{d\omega} \cdot B = \frac{1}{2c} \cdot \frac{e}{m} \cdot \lambda \cdot \frac{dn}{d\lambda} \cdot B \tag{3-5-24}$$

式中,λ 为观测波长,$\dfrac{dn}{d\lambda}$ 为介质在无磁场时的色散。在上述推导中,左旋和右旋只是相对于磁场方向而言的,与光波的传播方向同磁场方向相同或相反无关。因此,法拉第效应便有与自然旋光现象完全不同的不可逆性。

三、实验装置

法拉第-塞曼效应综合实验仪,加布儒斯特窗的氦-氖激光器,励磁电源,光学元件及光具座等。

实验现象:线偏振光(本实验用加布儒斯特窗的氦-氖激光器),纵向通过电磁铁中心的小孔,并穿过处于磁隙中样品(本实验仪中采用冕玻璃),进入配有光电转换的检偏装置。未加磁场时,可以通过偏振正交消光,此时光度计显示值最小,这可以用来观察光的偏振现象;加磁场后,可以明显的发现光的偏振方向发生改变,表现为光度计显示值增大,通过再次消光,可以测出加磁场后偏振面转过的角度。还可以观察到在磁场变化时,偏转角大小也不同,这即是法拉第效应。与一般的旋光效应相比,法拉第磁致旋光的区别是偏振面的旋转方向与光的传播方向无关,而只与所加磁场的方向有关,这可以通过实验加以验证。

四、实验步骤

1. 电磁铁磁头中心磁场的测量

(1)法拉第-塞曼效应综合实验仪,励磁电源正确相连,旋转控制介质的旋钮,让介质(冕玻璃)离开磁铁中心,将综合实验仪上特斯拉计探头通过探头臂固定在电磁铁上,并使探头处

于两个磁头正中心,旋转探头方向,使磁力线垂直穿过探头前端的霍尔传感器,这样测量出的磁感应强度最大,对应特斯拉计此时测量最准确。如图 3 - 5 - 4 所示。

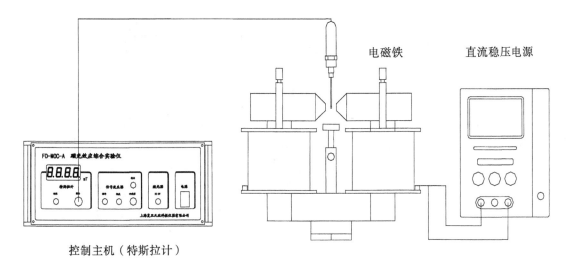

图 3 - 5 - 4　磁场测量实验装置连接示意

　　(2) 调节直流稳压电源的电流调节电位器,使电流逐渐增大,并记录不同电流情况下的磁感应强度。然后列表画图分析电流 — 中心磁感应强度的线性变化区域,并分析磁感应强度饱和的原因。

2. 正交消光法测量法拉第效应实验(图 3 - 5 - 5)

　　(1) 调节氦-氖激光器底部的调节架,使激光器发出的准直光完全通过电磁铁中心的小孔(完成法拉第效应实验,电磁铁纵向放置)。

　　(2) 调节刻度盘的高度,使激光器光斑正好打在光电转换盒的通光孔上,此时旋动刻度盘上的旋钮,可以发现光度计读数发生变化。

　　(3) 调节样品测试台,并旋动测试台上的调节旋钮,使冕玻璃玻璃样品缓慢转动升起,此时光应完全通过样品。

　　(4) 旋动刻度盘上的旋钮,使刻度盘内偏振片的检偏方向发生变化,因氦-氖激光器激光管内已经装有布儒斯特窗,故不加起偏器,氦-氖激光器出射的光已经是线偏振光,所以转动刻度盘,必定存在一个角度,使光度计示值最小(光度计可以调节量程,以使测量更加精确),即此时激光器发出的线偏振光的偏振方向与检偏方向垂直,通过游标盘读取此时的角度 θ_1。

　　(5) 开启励磁电源,给样品加上稳定磁场,此时可以看到光度计读数增大,这完全是法拉第效应作用的结果。再次转动刻度盘,使光度计读数最小,读取此时的角度值 θ_2。

　　(6) 关闭氦-氖激光器电源,旋下玻璃样品,移动样品测试台,使磁场测量探头正好位于磁隙中心,读取此时的磁感应强度测量值 B;用游标卡尺测量样品厚度(冕玻璃样品厚度参考值 5 mm),根据公式:$\theta = V \cdot B \cdot d$,可以求出该样品的费尔德常数。当然,教师可以根据实际需要,合理安排实验过程,比如可以采用改变电流方向求平均值的方法来测量偏转角;也可以通过改变励磁电流而改变中心磁场的场强,测量不同场强下的偏转角,以研究材料的磁光特性。

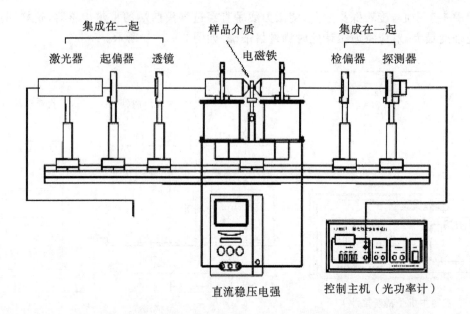

图 3 - 5 - 5　正交消光法测量法拉第效应实验装置连接示意

参考表格：

1. 电磁铁磁头中心磁场的测量：

电流强度 /A	磁场强度 /mT	电流强度 /A	磁场强度 /mT	电流强度 /A	磁场强度 /mT

2. 正交消光法测量法拉第效应实验

$\theta_{左}$	$\theta_{右}$	$2\theta_{偏转角度} = \theta_{左} + \theta_{右}$	励磁电流 /A	磁场 B/T

作 $\theta_{偏转角度}(B)$ 的直角坐标图，图解得出菲尔德常数 $V/d =$ 直角坐标图中 $\theta_{偏转角度}(B)$ 直线斜率（注：本使用介质晃玻璃 $d = 5$ mm）并误差分析。

五、注意事项

(1) 汞灯放进磁隙中时,应该注意避免灯管接触磁铁头。

(2) 测量中心磁场磁感应强度时,应注意探头在同一实验中不同次测量时放置于同一位置,以使测量更加准确、稳定。

(3) 笔型汞灯工作时会辐射出紫外线,所以操作实验时不宜长时间眼睛直视灯光;另外,应经常保持灯管发光区的清洁,发现有污渍应及时用酒精或丙酮擦洗干净。

(4) 汞灯工作时需要很高电压,所以在打开汞灯电源后,不应接触后面板汞灯接线柱,以免对人造成伤害。

(5) 因为法拉第效应实验和塞曼效应要求尽量减小外界光的影响,所以实验时最好在暗室内完成,以使实验现象更加明显,实验数据更加准确。

(6) 主机正面板上的励磁电源故障灯是指示电源过热工作,此时,由于内置传感器的作用,机箱内的风扇会自动启动,以加快空气流通,降低内部热量,此时最好关掉电源,过一段时间,再开启励磁电源。

(7) 在完成法拉第效应实验过程中,注意不可以将眼睛正对激光光源,以免对眼睛造成伤害。

(8) 做完实验励磁电源的输出电流要降为 0。

六、思考题

1. 磁光效应和自然旋光效应有何区别?

2. 实验中用什么方法测量偏振光的振动方向?

3. 法拉第磁光效应中的 θ 方向由谁决定的?怎样利用它的"不可逆性"做成光隔离器?

3-6　电光、声光和磁光调制

一、实验目的

(1) 了解声光效应、电光效应、磁光效应产生的物理机制。

(2) 掌握在电场、磁场、应力的作用下晶体的双折射效应,利用此效应测量相关物理量。

(3) 应用晶体实现对光的相位和强度进行调制。

二、实验原理

1. 光波的调制

激光是一种频率更高($10^{13} \sim 10^{15}$ Hz)的电磁波,它具有很好相干性,因而象以往电磁波(收音机、电视等)一样可以用来作为传递信息的载波。由激光"携带"的信息(包括语言、文字、图像、符号等)通过一定的传输通道(大气、光纤等)送到接收器,再由光接收器鉴别并还原成原来的信息。所谓"调制",是按照人们应用需求(以信息的形式出现)对光波进行"调节"与"控制",从而将信息加载到光波上去。将调制信号还原成原来的信息的过程称之为"解调"。如图 3-6-1 所示。

激光调制有电压直接加载激光器调节激光输出的调制方式,叫直接调制;激光经历外部调制器,电信通过调制器调制光的相位、频率或强度的外调制方式,如图 3-6-2 所示。

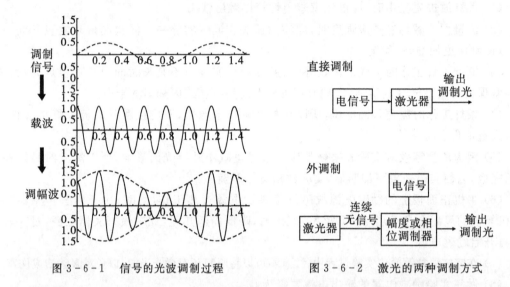

图 3-6-1 信号的光波调制过程   图 3-6-2 激光的两种调制方式

外加信号改变光波的振幅、强度、频率、相位、偏振、脉宽等参数,使得光信号(载波)的振幅、强度、频率、相位、偏振随调制信号的规律发生变化,分别称为光波的振幅调制、频率调制、相位调制、偏振调制和脉冲调制。在光电子学中普遍采用电光调制、声光调制和磁光调制方法来实现以上多种调制形式。

设一列单频简谐波为
$$E(t) = E_0 \cos(\omega_0 t + \varphi_0) \tag{3-6-1}$$

外加调制信号
$$f(t) = a\cos\omega_m t \tag{3-6-2}$$

则根据调制方式的不同可以分别得到

振幅调制
$$E(t) = E_0(1 + m_a\cos\omega_m t)\cos(\omega_0 t + \varphi_0) \tag{3-6-3}$$

频率调制
$$E(t) = E_0 \cos(\omega_0 t + m_f\cos\omega_m t + \varphi_0) \tag{3-6-4}$$

相位调制
$$E(t) = E_0 \cos(\omega_0 t + m_\varphi\cos\omega_m t + \varphi_0) \tag{3-6-5}$$

强度调制
$$I(t) = \frac{1}{2}E_0^2(1 + m_p\cos\omega_m t)\cos^2(\omega_0 t + \varphi_0) \tag{3-6-6}$$

的表达式。光信号表达式中的角度量实际上是由频率项和相位项组成的,因此对频率或对相位进行调制,都起着调角的作用,故可统称为角度调制。

脉冲调制用周期性脉冲序列作为载波,外加信号的调控载波而传递信息。脉冲调制的形式主要有:脉冲调幅(PAM)、脉冲调频(PFM)、脉冲调相(PPM)、脉冲调宽(PWM)等。如图 3-6-3 所示。

2. 电光调制

利用晶体的双折射和电光效应可以实现的光波调制,称为电光调制。各向异性晶体,光入射通过,分解为偏振方向相互垂直的 o 光和 e 光,o 光和 e 光对应晶体具有不同的折射率,称为双折射。晶体材料不仅存在相对于 o 光和 e 光的折射率不同,还存在受外加电场影响折射率随电场变化而变化的现象,称为电光效应,包含线性电光效应(Pockel 效应)和二次电光效应(Kerr 效应),即

$$\Delta n = n - n_0 = aE + bE^2 \tag{3-6-7}$$

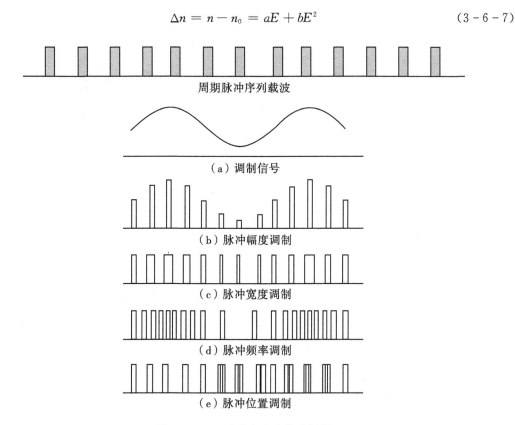

图 3-6-3　多种方式的脉冲调制

如外加电场方向与光传输方向一致为纵向电光调制,外加电场方向与光传输方向垂直为横向电光调制。

(1) 纵向电光调制。如图 3-6-4 所示,沿 KDP 晶体光轴(z)方向施加电场后,根据晶体光学理论,在垂直于电场方向的平面上,存在着两个互相垂直的 x',y' 主振动方向。用一束线偏振光垂直入射到晶体中,若光振动方向与晶体的主振动方向成 $45°$ 夹角,这束偏振光将被分解成两个振幅相等、互相垂直的线偏振光,它们在晶体中传播方向虽然相同,但传播速度不一样,所以从厚度为 l 的晶体中出射后,这两束线偏振光将有一个固定的相位差

$$\Gamma = \frac{2\pi}{\lambda}(n_{y'} - n_{x'})l \tag{3-6-8}$$

其中

$$n_{x'} = n_o - \frac{1}{2}n_o^3 \gamma_{63} E_z \tag{3-6-9a}$$

$$n_{y'} = n_o + \frac{1}{2}n_o^3 \gamma_{63} E_z \tag{3-6-9b}$$

n_o 是 KDP 晶体中 o 光的折射率,E_z 是外加在 z 轴上的电场强度。以上三式推导得到

$$\Gamma = \frac{2\pi}{\lambda}n_o^3 \gamma_{63} l E_z = \frac{2\pi}{\lambda}n_o^3 \gamma_{63} U \tag{3-6-10}$$

U 是加在 z 轴方向的电压。

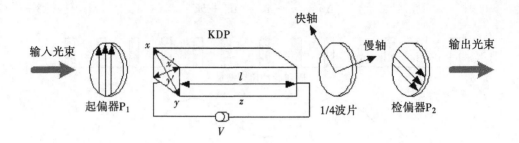

图 3-6-4　纵向电光调制

在晶体的入射表面上,入射光场平行于 x,与电致双折射轴 x' 和 y' 均成 45° 角,所以在这两个方向上存在相等的同相位分量,可表示为

$$E_{x'}(0) = E_0$$
$$E_{y'}(0) = E_0 \qquad\qquad (3-6-11)$$

由此入射光强　　　　$I_i \propto E_x \cdot E_x^* = |E_{x'}(0)|^2 + |E_{y'}(0)|^2 = 2E_0{}^2 \qquad (3-6-12)$

从出射表面表面得到的 x' 和 y' 分量

$$E_{x'}(l) = E_0$$
$$E_{y'}(l) = E_0 \exp(-i\Gamma) \qquad\qquad (3-6-13)$$

在 y 方向的总光场　　　　$E_y = \dfrac{E_0}{\sqrt{2}}(e^{-i\Gamma} - 1) \qquad\qquad (3-6-14)$

由此对应的出射光强度　　　　$I_o \propto E_y \cdot E_y^* = 2E_0{}^2 \sin^2 \dfrac{\Gamma}{2} \qquad\qquad (3-6-15)$

考虑电光晶体的透过率　　　　$T = \dfrac{I_o}{I_i} = \sin^2 \dfrac{\Gamma}{2} \qquad\qquad (3-6-16)$

由式(3-6-10)　　　　$\Gamma = \dfrac{2\pi}{\lambda} n_o^3 \gamma_{63} U = \dfrac{\pi U}{U_\pi} \qquad\qquad (3-6-17)$

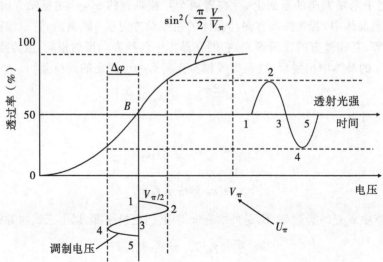

图 3-6-5　纵向电光调制特性曲线

即对于某一波长的激光,其透过率 T 与外加电压成正弦平方关系,通常把相位差与外加电压的关系表示以上形式,其中 U_π 为产生 π 的相位差所需要加的外电压。

取 $U = U_0 + U_m\sin\omega_m t$,对应有 $\Gamma = \dfrac{\pi}{2} + \Gamma_m\sin\omega_m t$,在 $\Gamma_m \ll 1$ 的条件下,将其代入式(3-6-16),可得透过率

$$T = \frac{1}{2}(1 + \Gamma_m\sin\omega_m t) = \frac{1}{2}\left(1 + \frac{\pi U_m}{U_\pi}\sin\omega_m t\right) \tag{3-6-18}$$

输出光强是调制电压 $U_m\sin\omega_m t$ 的线性复制。

从图 3-6-5 可以看出,光信号通过电光晶体,在曲线的上升段可以获得近似线性转换。

(2) 横向电光调制。如图 3-6-6 所示,沿 $LiNbO_3$ 晶体轴(z')方向施加电场,用一束线偏振光垂直入射到晶体中,若光振动方向与晶体的两轴向(x',z')成 45° 夹角,这束偏振光将被分解成两个振幅相等、互相垂直的线偏振光,它们在晶体中传播方向虽然相同,但传播速度不一样,所以从厚度为 l 的晶体中出射后,这两束线偏振光将有一个固定的相位差。类似的分析,同样可以得到与式(3-6-18)相同的电光晶体透过率。

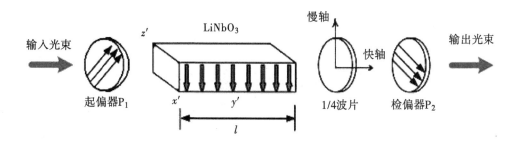

图 3-6-6　横向电光调制特性曲线

以上讨论的电光调制模式为振幅调制,其物理实质在于:输入的偏振光在调制晶体中分解为一对偏振方位正交的本征态,在晶体中传播过一段距离后获得相位差 Γ,Γ 为外加电压的函数。在输出偏振元件透光轴上,这一对正交偏振分量重新叠加,输出光的振幅被外加电压调制,这是典型的偏振光干涉效应。

3. 声光调制

利用介质的声光效应而实现的光波调制,称为声光调制,与电光调制一样,是光波调制的一种重要形式。声光效应是指超声波在介质中传播时,将引起介质密度疏密交替地变化,其折射率也将发生相应的变化。因此,对于入射光波而言,存在超声波场的介质可视为一个光栅,光栅常数等于声波波长。入射光被超声光栅衍射,衍射光的强度、频率和方向都随超声场而变化,如图 3-6-7 所示。声光调制器是能够产生声光效应的装置,它可以利用衍射光的性质来实现光的调制和偏转。

声波在介质中传播分为行波和驻波两种形

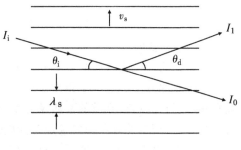

图 3-6-7　声光调制原理图

式。行波形成的超声光栅在空间是移动的,介质折射率的瞬时空间变化可表示为

$$\Delta n = \Delta n_0 \sin(\omega_s t - k_s z) \tag{3 - 6 - 19}$$

其中 ω_s 为声波的角频率,$k_s = \dfrac{2\pi}{\omega_s}$ 为声波的波数。

驻波形成的超声光栅是固定在空间的,可以认为是两个相向行波叠加的结果,介质折射率随时间的变化可表示为

$$\Delta n = \Delta n_0 \sin(\omega_s t - k_s z) + \Delta n_0 \sin(\omega_s t + k_s z)$$

$$= 2\Delta n_0 \sin\omega_s t \sin k_s z \tag{3 - 6 - 20}$$

当声波频率较高,声光作用长度 L 较大时,如果光线与声波面之间的角度满足一定条件,将产生布拉格衍射。

设 $\omega_i, \omega_d, \omega_s$ 分别是入射光、衍射光和声波的角频率,k_i, k_d, k_s 分别是它们的波矢量,光子(声子)的能量为 $\hbar\omega$,光子(声子)的动量为 $\hbar k$,声光相互作用满足能量与动量守恒,$\omega_d = \omega_i + \omega_s$,$k_d = k_i + k_s$,由动量三角形可推出布拉格衍射条件为

$$\sin\theta_i = \frac{k_s}{2k_i} = \frac{\lambda}{2\lambda_s} \tag{3 - 6 - 21}$$

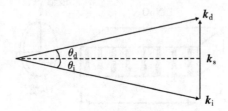

图 3 - 6 - 8　声光衍射的动量三角形

入射光经布拉格衍射,零级光强分布为

$$I_0 = I_i \cos^2\left(\frac{U_s}{2}\right) \tag{3 - 6 - 22}$$

一级光强分布为

$$I_0 = I_i \cos^2\left(\frac{U_s}{2}\right) \tag{3 - 6 - 23}$$

其中 U_s 是光波通过超声场引起的相移,由此可以推算出一级光衍射效率

$$\eta_1 = \frac{I_1}{I_i} = \sin^2\left(\frac{U_s}{2}\right) = \sin^2\left[\frac{\pi L}{\sqrt{2}\lambda}\sqrt{M_2 I_s}\right] \tag{3 - 6 - 24}$$

式中,M_2 是一个由声光晶体本身性质决定的量,称为声光优值;I_s 是超声强度。

4. 磁光调制

利用介质的磁光效应而实现的光波调制,称为磁光调制。线偏振光通过旋光介质时,振动平面会相对原方向转过一个角度 $\theta = \alpha l$,称为磁光效应,其中 l 为光在介质中通过的距离,α 为旋光率,它与光波长、介质的性质及温度有关。对着光线观察时,使光振动矢量顺时针旋转的介质叫右旋光介质,使光振动矢量逆时针旋转的介质叫左旋光介质。

1846 年,法拉第(M. Faraday)在探索电磁现象和光学现象之间的联系时,发现了一种现象:当一束平面偏振光穿过介质时,如果在介质中,沿光的传播方向上加上一个磁场,就会观察

到光经过样品后偏振面转过一个角度,即磁场使介质具有了旋光性,这种现象后来就称为法拉第效应。法拉第效应第一次显示了光和电磁现象之间的联系,促进了对光本性的研究。之后费尔德(Verdet)对许多介质的磁致旋光进行了研究,发现了法拉第效应在固体、液体和气体中都存在。如图 3-6-9 所示。

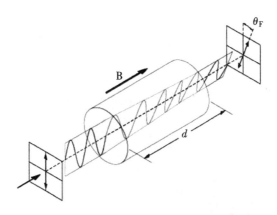

图 3-6-9 磁致旋光效应示意图

根据费尔德(Verdet)的研究,磁致旋光效(法拉第效应)应表达如下:

$$\theta = VBl \tag{3-6-25}$$

l 为光在介质中通过的距离;B 为磁感应强度;V 是费尔德常数,与物质性质有关。法拉第效应的旋光方向决定于外加磁场方向,与光的传播方向无关(即法拉第效应具有不可逆性)

如图 3-6-10 所示,I_0 为起偏器与检偏器透光轴之间夹角为 $\alpha = 0$ 或 π 时的输入光强,根据马吕斯定律,如果不计光损耗,则通过起偏器,经检偏器输出的光强为

$$I = I_0 \cos^2\alpha \tag{3-6-26}$$

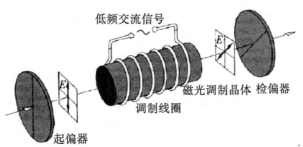

图 3-6-10 磁光效应实验装置

实验中在两个偏振器之间加一个由励磁线圈(调制线圈)、磁光调制晶体和低频信号源组成的低频调制器。调制励磁线圈所产生的正弦交变磁场为

$$B = B_0 \sin\omega t \tag{3-6-27}$$

磁光调制晶体产生交变的振动面旋转角

$$\theta = \theta_0 \sin\omega t \tag{3-6-28}$$

θ_0 称为调制角幅度。由此输出光强变为

$$I = I_0 \cos^2(\alpha + \theta) = I_0 \cos^2(\alpha + \theta_0 \sin\omega t) \qquad (3-6-29)$$

可知,当 α 一定时,输出光强仅随 θ 变化。因为 θ 是受交变磁 B 或信号电流 $i = i_0 \sin\omega t$ 控制的,所以信号电流使光振动面旋转,将电信号转化为光的强度调制,这就是磁光调制的原理。

三、实验装置

电光调制实验装置如图 3-6-11 所示。

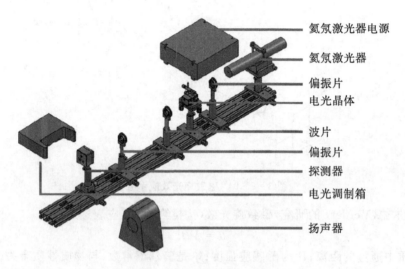

氦氖激光器电源
氦氖激光器
偏振片
电光晶体
波片
偏振片
探测器
电光调制箱
扬声器

图 3-6-11　电光调制实验装置

四、实验步骤

(1) 按照实验装置图摆放器件,激光器开机预热 5 ~ 10 min。

(2) 调整 He-Ne 激光器使之水平,固定可变光阑高度和孔径,使出射光在近处和远处都能通过光阑;其他器件依次放入光路,并保持与激光束同轴等高。

(3) 将晶体与电光调制箱连接,打开开关,调制切换选择“内调”。

(4) 将示波器 CH1 与探测器接通,可观测到解调信号。适当调整“调制幅度”和“高压调节”旋钮,使波形不失真。适当旋转光路中四分之一波片,得到最清晰稳定的波形。将示波器 CH2 与电光调制箱的“信号监测”连接,将直接得到调制信号,与解调信号做对比。

(5) 通过高压调节旋钮改变电光晶体工作电压,观测波形变化,当 CH1 相位改变 π 时,可以测出此时电光晶体的半波电压值。

(6) 旋转四分之一波片,观察波形失真现象。

(7) 将 MP3 音源于电光调制实验箱的“外部输入”连接,调制切换选择“调外”。

(8) 将探测器与扬声器连接,此时可通过扬声器听到 MP3 中播放的音乐。适当调整“调制幅度”和“高压调节”旋钮,旋转光路中的偏振片和 $\lambda/4$ 波片,使音乐最清晰。

五、注意事项

光学元器件按照光传播经历的了顺序依次调节,并保持同轴等高。

六、思考题

1. 实验中,记录调制信号 CH2 和解调信号 CH1,通过对比,你发现了什么?能得出什么规律或结论?(用示波器存储功能记录数据)

2. 实验中四分之一波片起什么作用,试用相关原理解释?

3. 什么是半波电压,应如何测量,为什么?请记录测出半波电压的波形,并展示所测半波电压数值。

4. 扬声器听到 MP3 中播放的音乐,说明了什么?

5. 自己设计实验装置和步骤,选做声光调制和磁光调制。

3－7　单光子计数

单光子计数方法是利用弱光下光电倍增管输出电流信号自然离散的特征,采用脉冲高度甄别和数字计数技术,测量淹没在背景噪声中的光子数。单光子计数系统专门用于弱信号测量,是探测弱光信号乃至单个光子的高灵敏度的检测系统。整个实验系统由单光子实验计数器,制冷系统,外电路和电脑控制软件组成。

一、实验目的

(1) 了解单光子计数的基本原理,掌握单光子计数器的使用和操作方法,学会使用单光子计数原理来对弱光进行检测。

(2) 了解单光子计数系统的系统构成。

(3) 了解热噪声的判别和弱光信号提取的方法。

二、实验原理

单光子计数器利用弱光下光电倍增管输出电流信号自然离散的特征,采用脉冲高度甄别和数字技术将淹没在背景噪声中的弱光信号提取出来。当弱光照射到光阴极时,每个入射光子以一定的概率(即量子效率)使光阴极发射一个电子。这个光电子经倍增系统的倍增最后在阳极回路中形成一个电流脉冲,这个脉冲称为单光子脉冲。除光电子脉冲外,还有各倍增极的热反射电子在阳极回路中形成的热反射噪声脉冲。热电子受倍增的次数比光电子少,因而它在阳极上形成的脉冲幅度较低。此外还有光阴极的热反射形成的脉冲。噪声脉冲和光电子脉冲的幅度的分布如图 3-7-1 所示。脉冲幅度较小的主要是热反射噪声信号,而光阴极反射的电子(包括光电子和热反射电子)形成的脉冲幅度较大,出现"单光电子峰"。用脉冲幅度甄别器把幅度低于 V_h 的脉冲抑制掉。只让幅度高于 V_h 的脉冲通过就能实现单光子计数。其原理图如图 3-7-2 所示。

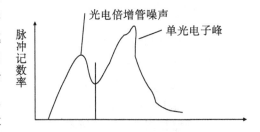

图 3-7-1　噪声和光电子脉冲分布图

单光子计数器中使用的光电倍增管,其光谱响应适合所用的工作波段,暗电流要小(它决定管子的探测灵敏度），相应速度及光阴极稳定。光电倍增管性能的好坏直接关系到光子计数器能否正常工作。

　　放大器的功能是把光电子脉冲和噪声脉冲线性放大，应有一定的增益，上升时间 ≤ 3 ns，即放大器的通频带宽达 100 Mz；有较宽的线性动态范围及低噪声，经放大的脉冲信号送只至脉冲幅度甄别器。

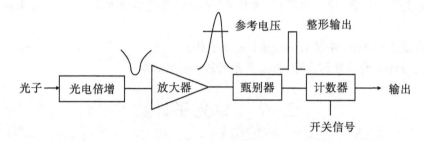

图 3 - 7 - 2　　光子计数器的原理图

　　脉冲幅度甄别器里设有一个连续可调的参考电压 V_h。当输入脉冲高度低于 V_h 时，甄别器无输出。只有高于 V_h 的脉冲，甄别器输出一个标准脉冲。如果把甄别电平选在图 3 - 7 - 3 中的谷点对应的脉冲高度上，就能去掉大部分噪声脉冲而只有光电子脉冲通过。从而提高信噪比。脉冲幅度甄别器应甄别电平稳定；灵敏度高；死时间小、建立时间短、脉冲对分辨率小于 10 ns，以保证一个个脉冲信号被分辨开来，才不致于因重叠而漏计。

　　计数器的作用是在规定的测量时间间隔内将甄别器的输出脉冲累加技术计数。

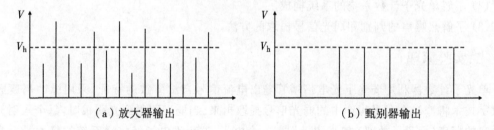

（a）放大器输出　　　　　　　　　　　（b）甄别器输出

图 3 - 7 - 3　　甄别器的工作情况

三、仪器简介

　　（1）光源。用高亮度发光二极管作光源，波长中心 500 nm，半宽度 30 nm。为提高入射光的单色性，仪器设有窄带滤光片，其半宽度为 18 nm。

　　（2）接收器。接受器采用 CR125 光电倍增管为接受器。实验采用半导体制冷器降低光电倍增管的工作温度，最低温度可达-20℃。

　　（3）光路如图 3 - 7 - 4 所示。

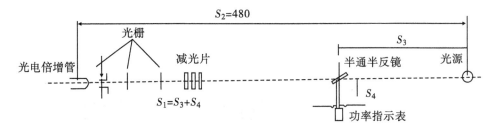

图 3 - 7 - 4　　实验系统光路图

四、实验内容

（1）测量光电倍增管输出脉冲幅度分布的积分曲线,确定测量弱光时的最佳甄别电平。实验条件:选择入射光功率为 10^{-14} W 量级,光电倍增管先不制冷。

（2）测量暗计数率 R_d 和光计数率 R_p 随光电倍增管工作温度变化的关系曲线,研究工作温度对 R_d 和 R_p 的影响。

（3）研究光计数率 R_p 和入射光功率 P_i 的对应关系。

选择入射光强分别为 10^{-13},10^{-14},10^{-15} W 量级测量相应的光计数率 R_p,并按下式推算接收功率 P_o:

$$P_o = E_P * R_P / \eta$$

式中,E_p 为测量波段上的光子能量,如 630 nm 时 $E_P = 3.13 \times 10^{-19}$ J;η 为光电倍增管在此波段上的量子效率。一般的说,P_o 比 P_i 要小。

五、注意事项

（1）开机前必须接通冷却水。

（2）启动光学多通道分析仪的步骤为:打开计算机电源,打开单光子实验计数器电源,打开软件。

（3）建立个人数据文件夹,把所有实验文件存入个人数据文件夹,应带好 U 盘,完成实验后拷贝实验文件。

六、思考题

1. 分析光电倍增管噪声分布与温度的关系。

2. 单光子测量系统探测灵敏度由哪些因素确定？

第4章

真空获得与薄膜制备技术

4-0　基础知识

　　本章节通过对真空的获得与测量、真空镀膜技术、金属蒸气真空弧（MEVVA）离子注入技术、化学气相沉积法生长金刚石薄膜等实验，让同学们了解真空技术的基础知识，并可以掌握在原子分子物理、等离子体物理、半导体物理和薄膜材料制备及应用等科学研究中广泛应用的一些基本实验技术和方法，为将来从事相关行业科学研究奠定良好的基础。可以说，"真空获得与薄膜制备技术"是培养学生独立分析和解决问题能力，学习如何用实验方法研究物理现象和规律的重要一环。

　　在实验前，首先了解下与真空相关的背景知识。

　　"真空"泛指低于一个大气压的气体状态。1643年，意大利物理学家托里拆利发现，真空和自然空间有大气和大气压力存在。他将一根一端封闭的长玻璃管灌满汞，并倒立于汞槽中时，发现管中汞面下降，直至与管外的汞面相差76 cm时为止。托里拆利认为，玻璃管汞面上的空间是真空，76 cm高的汞柱是因为存在大气压力的缘故。

　　1650年，德国的盖利克制成活塞真空泵。1654年，他在马德堡进行了著名的马德堡半球试验：用真空泵将两个合在一起的、直径为14英寸（35.5 cm）的铜半球抽成真空，然后用两组各八匹马以相反方向拉拽铜球，始终未能将两半球分开。这个著名的试验又一次证明，空间有大气存在，且大气有巨大的压力。为了纪念托里拆利在科学上的重大发现和贡献，以往使用的真空压力单位就是用他的名字命名的。

　　19世纪中后期，英国工业革命的成功，促进了生产力和科学实验发展，同时也推动了真空技术的发展。1850年和1865年，先后发明了汞柱真空泵和汞滴真空泵，从而研制成了白炽灯泡（1879）、阴极射线管（1879）、杜瓦瓶（1893）和压缩式真空计（1874）。压缩式真空计的应用首次使低压力的测量成为可能。

　　20世纪初，真空电子管出现，促使真空技术向高真空发展。1935—1937年发明了气镇真空泵、油扩散泵和冷阴极电离计。这些成果和1906年制成的皮拉尼真空计至今仍为大多数真空系统所常用。

　　1940年以后，真空应用扩大到核研究（回旋加速器和同位素分离等）、真空冶金、真空镀膜和冷冻干燥等方面，真空技术开始成为一个独立的学科。第二次世界大战期间，原子物理试验的需要和通信对高质量电真空器件的需要，又进一步促进了真空技术的发展。

　　直至今日，真空技术在近代尖端科学技术，如高能粒子加速器、大规模集成电路、表面科学、薄膜技术、材料工艺和空间技术等工作中都占有关键的地位，在一般工业生产中的应用则种类繁多，包括化学工业，医学工业，制盐制糖工业，食品工业，电子工业等。超高真空还促进了半导体器件、大规模集成电路和超导材料、纳米材料等的发展。

4-1　真空的获得与测量

一、实验目的

(1) 了解真空技术基础知识。

(2) 利用机械泵组获得真空,并使用复合真空计测量被抽容器所能达到的真空度。

二、实验原理

真空度是对气体稀薄程度的一种客观度量,单位体积中的气体分子数越少,表明真空度越高。通常真空度用气体压强来表示,压强越低真空度越高。按照国际单位制(SI),压强单位是牛顿／米^2,称为帕斯卡,简称帕(Pa)。表 4-1-1 为不同压强单位的转换标准。

表 4-1-1　不同压强单位的转换比例

单位	帕／Pa	托／Torr	毫巴／mbar	标准大气压
1Pa	1	7.5×10^{-3}	1×10^{-2}	9.87×10^{-6}
1Torr	133.3	1	1.333	1.316×10^{-3}
1mba	100	0.75	1	9.87×10^{-4}
1atm	1.013×10^5	760	1.013×10^3	1

在近代物理实验中通常根据真空度的获得和测量方法的不同,可将真空区域划分为以下五个范围,见表 4-1-2。

表 4-1-2　真空区域划分

真空区域	粗真空	低真空	高真空	超高真空	极高真空
范围(Pa)	$10^5 \sim 10^3$	$10^3 \sim 10^{-1}$	$10^{-1} \sim 10^{-6}$	$10^{-6} \sim 10^{-12}$	$< 10^{-12}$
抽气系统	机械泵 吸附泵	机械泵 吸附泵	扩散泵 分子泵	分子泵 离子泵 低温泵	
测量仪器	U 型管压差计	电阻真空计 热偶真空计	电离规 潘宁规	超高真空电离计	

真空技术,一般包括真空的获得、测量、检漏以及系统的设计与计算等。它已发展成为一门独立的科学技术,广泛应用于科学研究、工业生产的各个领域中。对真空技术的学习和充分掌握已成为一项重要的基本实验技能。以下我们将对真空的获得与测量进行简要介绍。

为了获得真空,就必须设法将气体分子从容器中抽出。凡是能从容器中抽出气体,使气体压强降低的装置均可称为真空泵,真空泵按其工作机理可分为排气型和吸气型两大类。排气型真空泵是利用内部的各种压缩机构,将被抽容器中的气体压缩到排气口,而将气体排出泵体之外，如机械泵、扩散泵和分子泵等。吸气型真空泵则是在封闭的真空系统中，利用各种表面（吸气剂）吸气的办法将被抽空间的气体分子长期吸着在吸气剂表面上，使被抽容器保持真空，如吸附泵、离子泵和低温泵等。

近代物理实验中对于真空的要求是达到低真空即可，设备采用的是 2XZ－2 型旋片式真空泵，对密封腔体抽除气体而获得真空。旋片式机械泵是运用机械方法不断地改变泵内吸气空腔的容积，使被抽容器内气体的体积不断膨胀从而获得真空的机械泵。其工作压强最低能够达到 10^{-1} Pa，属于低真空泵。它可以单独使用，也可以作为其他高真空泵或超高真空泵的前级泵。其主要结构和外形示意如图 4-1-1 所示。

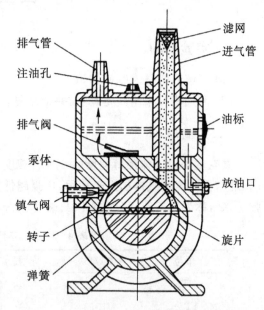

图 4-1-1　旋片式机械泵结构图和外形示意图

如图 4-1-1 所示，旋片式机械泵由定子、转子、旋片、弹簧等组成，是一种油封式机械真空泵。定子为一圆柱形空腔，空腔上装着进气管和出气阀门，转子顶端保持与空腔壁相接触，转子上开有槽，槽内安放了由弹簧连接的两个刮板。当转子旋转时，两刮板的顶端始终沿着空腔的内壁滑动。整个空腔放置在油箱内。工作时，转子带着旋片不断旋转，就有气体不断排出，完成抽气作用。整个泵体必须浸没在机械泵油中才能工作，泵油起着密封润滑和冷却的作用。

测量低压下气体真空度的装置称为真空计。真空计的种类很多，根据气体产生的压强、气体的粘滞性、动量转换率、热导率、电离等原理可制成各种真空计。由于被测量的真空度范围很广，一般采用不同类型的真空计分别进行相应范围内真空度的测量。常用的真空计和应用范围如表 4-1-3 所示。

表 4-1-3　常用真空计和测量范围

真空计	测量范围 /Pa
U 形汞压力计	$101.325 \times 10^{3} \sim 133.322 \times 10^{-1}$
油压力计	$133.322 \times 10^{2} \sim 133.322 \times 10^{-2}$
压缩真空计（麦氏真空计）	$133.322 \times 10^{-1} \sim 133.322 \times 10^{-6}$
热偶规	$133.322 \times 10^{-1} \sim 133.322 \times 10^{-3}$
电离规	$133.322 \times 10^{-3} \sim 666.61 \times 10^{-10}$

近代物理实验中真空的测量采用数显式电离真空计和热偶真空计联合作用，用于测量本底真空和工作时的工作气压。

热偶真空计也叫热偶规，通常用来测量低真空，可测范围为 $10 \sim 10^{-1}$ Pa，它是利用低压下气体的热传导与压强成正比的特点制成的。电离真空计也叫电离规，是根据电子与气体分子碰撞产生电离电流随压强变化的原理制成的，测量范围为 $10^{-1} \sim 10^{-6}$ Pa。使用时特别注意，当压

强高于 10^{-1} Pa 或系统突然漏气时,电离真空计中的灯丝会因高温很快被氧化烧毁,因此必须在真空度达到 10^{-1} Pa 以上时,才能开始使用电离真空计。为了使用方便,常把热偶真空计和电离真空计组合成复合真空计。

三、实验装置

FB7008A 型多功能微波等离子体装置(内置机械泵组,热偶真空计,电离真空计)。

四、实验步骤

(1)FB7008A 实验装置设计了缺水保护装置,冷却系统缺水时,实验装置除总电源开关,其他系统是无法启动的,这一措施保证了仪器的使用安全。当首次使用本仪器时,必须把冷却水水箱里加满冷却水。加水方法是:把小型专用潜水泵放到盛水的容器里,水泵的出水皮管放到冷却水箱里,水泵的电源插头插到机箱内的专用电源插座上,闭合仪器的电源总开关,潜水泵即开始工作,把水加入水箱中,当水位到达目标位时,水箱浮子使水泵专用电源插座自动断电,水位指示灯亮。这时候,再按下专用电源旁的按钮 5 s 钟,再补充一些管路中需填充的冷却水。确保水位符合要求。撤去潜水泵,盖好水箱盖子。接着可按下冷却键,3 min 后,制冷系统自动开始工作。

(2)检查确认真空气路的连接是否正常,确认气路连接正常后,进行下一步操作。

(3)按顺序依次打开总电源 → 冷却水 → 真空泵,机械泵开始抽本底真空。抽气 5 min 后,打开热偶真空计,读取被抽容器的真空度并记录数据,每隔 30 s 记录一次数据;随着时间的增加,真空度变化越来越慢,可以适当延长两次数据记录的时间间隔直至真空度达到 0.1 kPa。

(4)打开电离真空计,读取被抽容器的真空度并记录数据,每隔 30 s 记录一次数据;随着时间的增加,真空度变化越来越慢,可以适当延长两次数据记录的时间间隔直至真空度不再变化。

(5)停止真空度测量,按以下顺序关闭实验装置:先关闭机械泵;再关闭冷却水电源开关;关闭总电源开关。打开被抽容器的手动放气阀。

五、注意事项

旋片式机械泵可在大气压下启动正常工作,使用时必须注意以下几点:

(1)启动前先检查油槽中的油液面是否达到规定的要求,机械泵转子转动方向与泵的规定方向是否符合(否则会把泵油压入真空系统)。

(2)机械泵停止工作时要立即让进气口与大气相通,以清除泵内外的压差,防止大气通过缝隙把泵内的油缓缓地从进气口倒压进被抽容器("回油"现象)。这一操作一般都由与机械泵进气口上的电磁阀来完成,当泵停止工作时,电磁阀自动使泵的抽气口与真空系统隔绝,并使泵的抽气口接通大气。

(3)泵不宜长时间抽大气,否则因长时间大负荷工作会使泵体和电动机受损。

六、思考题

1. 容器抽真空的时间与什么有关?

2. 为什么测量真空度时要先打开热偶真空计?先打开电离真空计可能会出现什么结果?

3. 本次实验容器达到的真空度属于什么真空范围?

4-2　真空镀膜技术

一、实验目的

了解真空技术基础知识,了解各种真空镀膜技术,并学习使用电子束蒸发法在硅抛光片衬底上蒸镀铜膜。

二、实验原理

真空镀膜,是指在真空中把蒸发源加热蒸发或用加速离子轰击溅射,沉积到基片固体表面形成单层或多层薄膜,使得固体表面具有耐磨损、耐高温、耐腐蚀、抗氧化、防辐射、导电、导磁、绝缘和装饰等许多优于固体材料本身的优越性能。

一百多年前人们在辉光放电管壁上首先观察到了溅射的金属膜,根据这一现象逐步发展起一种薄膜的制备方法,即真空镀膜技术。1877 年人们已经把真空溅射镀膜技术用于镜子的生产。1939 年在德国 Schott 等人用真空蒸发法淀积出第一个窄带 Fabry-perot 型介质薄膜干涉滤光片。目前,真空镀膜技术已经广泛应用于光学、磁学、半导体物理学、微电子学以及激光技术领域。在光学方面,高反射、增透膜及介质薄膜滤光器等的研究与应用,已使薄膜光学成为现代光学的一个重要分支;在微电子方面,电子器件中用的薄膜电阻,特别是平面型晶体管和超大规模集成电路有赖于薄膜技术来制造;硬质保护膜可以使各种经常磨损的器件表面硬化,大大增强耐磨程度;磁性薄膜在信息储存领域占有重要地位,等等。因此,以下我们将分别简介几种较为常见的真空镀膜技术。

1. 真空热蒸发镀膜

任何物质在一定的温度下,总有一些分子从凝聚态(液、固)相变成气相离开物质表面。若气相物质被密封在容器内,当物质和容器温度相同时,则部分气相分子因杂乱运动而返回凝聚态,经过一定的时间后达到平衡。假设平衡状态下某种物质的饱和蒸气压为 P_s,物质的蒸发热与温度无关,则 P_s 和温度 T。有如下关系:

$$P_s = Ke^{-\Delta H/RT} \tag{4-2-1}$$

式中,ΔH 为分子蒸发热;K 为积分常数;R 为气体普适常数。

在真空条件下,若物质表面的静态压强为 P,则单位时间内从单位凝聚相表面蒸发出来的质量为

$$\Gamma = 5.833 \times 10^{-2} \alpha \times (M/T)^{-2} \times (P_s - P) \tag{4-2-2}$$

式中,α 为蒸发系数;M 为克分子量;T 为凝聚相物质的温度。

若真空度很高,蒸发的分子又全被凝结而无法返回蒸发源,则蒸发率为

$$\bar{\Gamma} = 5.833 \times 10^{-2} \alpha \times (M/T)^{-2} \times K_0 \times e^{-\Delta H/RT} \tag{4-2-3}$$

这些蒸发分子遇到器壁和基片,就会吸附在其表面上,当基片表面温度低于某一临界温度时,则发生凝结、核化过程,当核长大到超过临界尺寸就变成稳定的核,稳定的核相互连接而成为连续薄膜。

　　从式(4-2-3)可知:若蒸发源温度已知,则可确定最大的蒸发率,而温度的提高将使蒸发率迅速增加。

　　真空室内真空越高,固体物质蒸发的分子与气体分子碰撞概率就越少。当真空室内气体分子平均自由程($\bar{\lambda}$)远大于蒸发皿到被镀基片表面的距离 d 时,固体物质分子才能沿飞行途径无阻挡地、直线地到达被镀基片的表面,这样才能得到均匀、牢固的薄膜,气体的自由程为

$$\bar{\lambda} = \frac{1}{\sqrt{2}\,\pi n}\sigma^{-2} \qquad (4-2-4)$$

式中,n 为单位体积内的分子数;σ 为分子的有效直径。因为 n 与压强成正比,从式(4-2-4)可知 $\bar{\lambda}$ 与 p 成反比。对于蒸发源到基片的距离为 $0.18 \sim 0.25$ m 的镀膜装置,真空室的真空度必须在 $10^{-2} \sim 10^{-5}$ Pa 才能满足要求。表 4-2-1 列出了空气在各种压强下的平均自由程 $\bar{\lambda}$。

表 4-2-1　空气在各种压强下的平均自由程($\bar{\lambda}$)

P/mmHg	$\bar{\lambda}/\mathrm{mm}$	P/mmHg	$\bar{\lambda}/\mathrm{mm}$
760	5×10^{-2}	1×10^{-4}	5×10^{2}
1	7×10^{-2}	1×10^{-6}	5×10^{3}
1×10^{-2}	5×10^{-1}	1×10^{-8}	5×10^{5}

2. 电子束蒸发(electron beam evaporation)

　　随着薄膜技术的广泛应用,采用电阻加热蒸发已不能满足蒸镀难熔金属和氧化物材料的需要,同时也难制作高度纯净的薄膜,于是发展了电子束加热蒸发镀膜的方法,如图 4-2-1 所示,它是将蒸发材料放入冷铜坩埚内,利用高能量密度的电子束加热,使材料融熔气化并凝结在基片表面成膜。

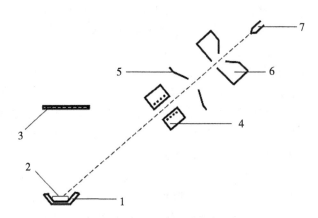

图 4-2-1　直式电子枪示意图

1— 坩埚;2— 蒸发料;3— 基片;4— x-y 偏转线圈;5— 阳极;

6— 聚束极;7— 阴极

　　电子束加热原理是基于热阴极(丝)发射的电子在电场的作用下,获得动能轰击到作为阳极的蒸发材料上,使蒸发材料加热气化,从而实现蒸发镀膜。若不考虑发射电子的初速度,则电

子动能与它所具有的电功率相等,即

$$\frac{1}{2}mv^2 = eU \qquad\qquad (4-2-5)$$

式中,U 为电子的电位(V);m 为电子的质量;e 为电子电荷。由式(4-2-5)可得出电子运动的速度。

假如 $U = 10\ \text{kV}$,则电子的速度可达 $6\times10^4\ \text{km/s}$。这样高速运动的电子流在一定磁场的作用下,使之汇聚成电子束并轰击到蒸发材料的表面,使动能变为热能,从而实现蒸发材料的目的。一般来说,电子束加热蒸发所需要的功率大部分消耗在蒸发材料与坩埚的热传导上,所以一般采用较小的坩埚以减少热传导和热辐射。同时,可以通过调整电子束斑点尺寸和采用电子束扫描,以达到最佳蒸发工艺条件。

电子束蒸发有很多优点:

(1)电子束轰击热源的束流密度高,能获得比电阻加热源更大的能量密度,因此可蒸发如钨、钼、硅等高熔点材料,并且能达到较高的蒸发速率。

(2)由于蒸发材料是置于水冷坩埚内,因而可避免容器材料的蒸发。

但是,电子束蒸发加热也有缺点:

(1)电子枪发出的一次电子和蒸发材料发出的二次电子会使蒸发原子和剩余气体分子电离,有时会影响膜层质量。

(2)多数化合物在受到电子轰击后会部分发生分解,使膜的成分与坩埚内材料的成分不一致。

(3)电子束蒸发装置结构复杂,因而设备价格昂贵。

(4)当加速电压过高时所产生的软 X 射线对人体有一定的伤害,应注意保证身体安全。

3. 激光烧蚀(laser ablation)

利用激光束作为热源来蒸发淀积薄膜是一种新的薄膜制备技术,应用于蒸发的光源可采用 CO_2 激光,Ar 激光,YAG 激光以及准分子激光(excimer laser)等。

激光器置于真空室之外,高能量的激光束透过窗口进入真空室中,经透镜聚集之后照射到制成靶片的蒸发材料上,使之加热气化蒸发,然后淀积在基片上。

激光光源分为连续光源和脉冲光源。虽然连续激光也可以使材料气化蒸发,但实验表明,激光蒸发技术的主要优点都与脉冲激光相关联。脉冲激光作为一种新颖的加热源,其特点之一就是能量在空间和时间上的高度集中,目前所用的脉冲激光器以准分子激光效果最好。根据工作介质气体的不同,激光的波长可为 193 nm(ArF),248 nm(KrF),308 nm(XeCl) 和 351 nm(XeF),相应光子的能量为 6.4eV,5.0eV,4.03eV,3.54eV。

激光脉冲宽度为几十纳秒,脉冲重复频率为几十赫兹。单个脉冲能量可达几个焦耳,脉冲峰值功率可高达 100 MW,能量在时间上高度集中。当激光束被透镜汇聚到一点上时,能量又在空间上被高度压缩,照射在靶上的密度可高达 1000 MW/cm^2 以上。这样就产生了常规方法难以达到的极端条件,导致了靶材料的气化和离化。当脉冲激光照射靶时,靶所吸收的能量主要使光斑处的靶材温度升高到蒸发温度以上,少部分能量由于热传导和蒸发粒子形成等离子体而损耗掉了。由于激光脉冲宽度很短(几十纳秒),蒸发过程实际上是在瞬间完成的。而且蒸发只发生在靶表面发生热扩散的薄层中,这个区间瞬间温度可达 3000 K 以上。考虑到激光脉冲重复频率只有几十个赫兹,在脉冲间隔时间内,靶有充分的冷却时间,使整个靶在镀膜期间基本上保持在室温。

激光蒸发原理图如图 4 - 2 - 2 所示。

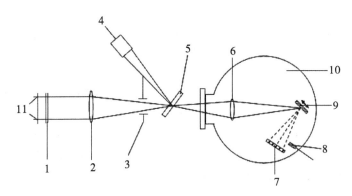

图 4 - 2 - 2　激光烧蚀真空镀膜实验装置原理图

1— 玻璃衰减器；2— 透镜；3— 光圈；4— 光电池；5— 分光器；

6— 透镜；7— 基片；8— 测厚探头；9— 靶；10— 真空室；

11—XeCl 激光器

由于激光加热独特的物理过程，激光镀膜有如下特点：

(1) 激光器安装在真空室外，采用非接触式加热，不需要坩埚，避免了坩埚的污染，适宜在超高真空下制备高纯薄膜。

(2) 镀膜装置灵活性好，可以设置多个靶，一次完成多层膜的淀积，产生原子级清洁的界面。

(3) 可以蒸发金属、半导体、陶瓷等各种无机材料，可以蒸发高熔点材料，如氮化物、碳化物、硼化物、硅化物等。

(4) 可以引入各种活性气体，例如氢、氧等，制备氢化物和氧化物薄膜。

(5) 靶材用量少，靶的尺寸原则上只要比光斑大一点即可，适于制备稀有贵金属薄膜。

(6) 光子是中性的，不会引起靶材料带电，蒸发粒子中含有大量处于激发态和离化态的原子、分子，基本上以等离子体的形式射向衬底，蒸发粒子的能量可达 10 ~ 40 eV，增强了薄膜生长过程中原子之间的结合力和原子沿表面的扩散，有利于薄膜的外延生长。

(7) 易于控制，效率高，如每个脉冲可生长薄膜厚度为 0.1 nm，脉冲重复频率为 5 Hz，那么要得到 300 nm 厚的膜，只需要 10 min。

(8) 适用于多组元化合物的淀积，由于激光光束的斑点很小，被激光加热的靶材料淀积很小，所有组分迅速一致气化而基本上不出现分馏现象，使薄膜成分和靶材成分基本一致。

目前，准分子激光镀膜技术已广泛用于制备各种各样的薄膜。但是，激光加热蒸发也有很多问题尚未解决：

(1) 对相当多材料，淀积的薄膜中含有融熔的小颗粒或靶材碎片。这是激光蒸发过程中喷溅出来的，这些颗粒的存在降低了薄膜的质量。

(2) 限于目前商品激光器的输出能量，激光法由于制备大面积薄膜尚有一定困难。

(3) 由于一台激光器价格昂贵，目前它只适用于微电子技术，传感器技术，光学技术等高技术领域及新材料的开发研制，暂不能在工业中广泛应用。

4. 磁控溅射 (magnetron sputtering)

在溅射技术中应用最为广泛的是磁控溅射。利用磁控溅射进行薄膜淀积生长基于以下原理：

电子 e 在电场 E 作用下，在飞向基板过程中与氩原子发生碰撞，使其电离出 Ar^+ 和一个新的电子 e，电子飞向基片，Ar^+ 在电场作用下加速飞向阴极靶，并以高能量轰击靶表面，使靶材料发生溅射。在溅射粒子中，中性的靶原子或分子则淀积在基片上形成薄膜。

从靶面发出的二次电子，在环状磁场的控制下，被束缚在靠近靶表面的等离子体区域内，在该区中电离出大量的 Ar^+ 离子用来轰击靶材，从而实现了磁控溅射淀积速率高的特点。

磁控溅射不仅可以得到很高的溅射速率，而且在溅射金属时还可避免二次电子轰击而使基板保持接近冷态，这对使用单晶和塑料基板具有重要意义。磁控溅射电源可为直流方式也可为射频方式放电工作，故能制备各种材料的薄膜。磁控溅射的缺点是靶的利用效率较低（约30%），这是由于靶侵蚀不均匀的缘故。

以上所介绍的真空镀膜技术应用广泛，发展迅速，但这都基于一个前提，也就是良好的真空系统。要获得良好的真空系统，就必须对真空系统操作规程有所了解。近代物理实验中所使用的真空系统，其操作规程包括开启真空系统，关闭真空系统，真空系统连续作业这三部分，首先是开启真空系统：

（1）关闭真空室的放气阀，开控制柜面板上的总电源开关，打开真空室的角阀（真空室通过波纹管与机械泵连接的阀门），使机械泵与真空室连通，开机泵的电源开关，机械泵开始对真空室抽真空，此时的旁抽阀（机械泵与分子泵连通的阀门，也称电磁阀）和闸板阀（分子泵与真空室连通的阀门）都是关闭的。

（2）打开控制柜面板上的真空计开关，可以从真空计的读数屏上读出真空室的真空度，左边的读数是在高真空情况下（分子泵运行时）有效的真空度数，右边的读数是在低真空下（不开分子泵）有效的真空读数。

（3）当真空计右边显示屏的读数低于 6Pa 时（因为分子泵必须在低于 6Pa 的条件下才能抽真空），打开分子泵的水冷开关，维持较高的水压（冷却水压力过低时分子泵会报警），关闭角阀（断开真空室与机械泵的直接连通），打开旁抽阀（使分子泵的出气口与机械泵连通），打开闸板阀（使分子泵与真空室连通），打开控制柜面板上分子泵的电源开关（控制柜面板的最下一排），按下绿色的"START"键，涡轮分子泵就开始启动了，它的涡轮转速从 0 转到 400 转约要经历十多分钟（按编程面板的"FUNC"可观察到转速的变化）。涡轮分子泵启动后，真空计读数面板的左侧读数会迅速降到 0.1 Pa 以下。

（4）耐心等待，观测真空计的读数变化，当真空室的真空度降低到优于进行镀膜所需要的条件时，开始进行真空镀膜。

其次是关闭真空系统的操作规程：

（1）先关闭闸板阀，断开分子泵与真空室的连接；关闭旁抽阀，断开分子泵和机械泵的连接（防止机械泵返油进入分子泵）。

（2）按下控制面板上分子泵的红色停止键"STOP"（控制柜面板的最下一排，在"START"键旁边）。

（3）按下编程面板的"FUNC"按钮，在编程面板的数字显示屏上可观察到分子泵的转速从 400 Hz 开始下降，当转速变到 0 Hz 时，关闭涡轮分子泵的电源开关。

（4）关闭机械泵；开真空室的充气阀门，往真空室中充入干燥氮气，当真空室的气压恢复到一个大气压时，就可以开启真空室的大门，取出实验样品了。

（5）分子泵停机几分钟后可以关闭分子泵的冷却水。

最后是关于真空系统连续作业的操作规程：

有时为了节省抽真空和开启分子泵的时间，进行连续的真空镀膜实验，可以按以下的步骤进行连续的实验操作：

（1）刚刚进行真空镀膜操作，真空室还处于高真空下，不停涡轮分子泵，关闭闸板阀，断开分子泵与真空室的连接，关旁抽阀，断开分子泵与机械泵的连接。

（2）关闭角阀，断开真空室与机械泵的连接，如果为了省电，此时也可关闭机械泵的电源。

（3）真空室通过放气阀放入干燥氮气，开启真空室的大门，从真空室中取出已经镀好的薄膜材料，然后放入还需要进行真空镀膜的衬底材料，关闭真空室的大门。

（4）关闭放气阀旋钮，打开角阀（若机械泵已经关闭，此时需要重新开启），当真空室的气压低于 6Pa 时，关闭角阀，打开闸板阀，打开旁抽阀，让分子泵对真空室抽高真空。

（5）当真空室的真空度优于真空镀膜实验所要求的真空度时，进行真空镀膜，镀膜结束后，可选择关闭真空系统或者取出已镀好的薄膜并进行下一次的镀膜操作。

三、实验装置及材料

真空镀膜机，超声清洗机，硅抛光片，纯铜粉末，乙醇，丙酮等有机溶剂。

四、实验步骤

1. 坩埚、衬底清洗和蒸发料的准备

如果镀膜衬底不是免洗硅抛光片，需要对衬底进行一系列的化学和超声清洗。干净的衬底放在真空镀膜机的样品台上，镀膜面对准蒸发源。铜坩埚通过常规的洗涤后也可以经过完整的化学、超声清洗以去除其表面的污染物，然后将纯铜粉末放入铜坩埚中，将坩埚置于镀膜机的蒸发位上。

2. 抽气

放入硅抛光片衬底后，按照前文的"真空系统操作规程"中所描述的步骤进行抽真空的操作。

3. 蒸发镀膜

当真空度达到 10^{-3} Pa 时，开始进行电子束蒸发镀膜。打开电子枪冷却水，调整电子枪灯丝电压与电流，并预热 $3\sim5$ min。束流控制调为手动，阳极加高压 10 kV，检查束流是否为最小后慢慢增加束流值，同时加偏转线圈电流并调节束流光斑位置。测量铜坩埚温度并加以记录，待温度稳定后记录腔体真空度，开始蒸发镀膜。镀膜限定时间后，束流值慢慢调到最小，关闭阳极高压，关闭电子枪灯丝电压与电流，关闭电子枪冷却水。

4. 取样品

镀膜结束后，按照前文的"真空系统操作规程"中所描述的步骤进行关闭真空系统的操作，并取出镀膜样品。

五、注意事项

（1）注意硅抛光片表面保持良好的清洁度。被镀硅抛光片表面的清洁程度直接影响薄膜的牢固性和均匀性，表面的任何微粒、尘埃、油污及杂质都会大大降低薄膜的附着力。镀膜前硅抛光片必须经过严格的清洗和烘干。

（2）将材料中的杂质预先蒸发掉（"预熔"）。蒸发物质的纯度直接影响着薄膜的结构和光学性质，因此除了尽量提高蒸发物质的纯度外，还应设法把材料中蒸发温度低于蒸发物质的其他杂质预先蒸发掉。在预熔时用活动挡板挡住蒸发源，使蒸发材料中的杂质不能蒸发到硅抛光片表面。

（3）镀膜工作进行 2～3 次后，必须及时清洁镀膜腔体内零件，避免蒸发物质大量进入真空系统而损害真空性能。可采用酒精清洗，清洗干净后用热吹风机将各零部件吹干。

六、思考题

1. 真空系统关机时为何要将大气放入机械泵？
2. 进行真空镀膜为什么要求有一定的真空度？
3. 为了使膜层比较牢固，怎样对硅抛光片进行处理？

4-3　金属蒸气真空弧（MEVVA）离子注入技术

一、实验目的

了解真空技术基础知识，了解金属蒸气真空弧离子注入技术，并学习使用 MEVVA 离子注入机对硅基氧化锌薄膜进行金属掺杂。

二、实验原理

1892 年，爱迪生考虑到真空弧产生金属蒸汽进行金属膜的沉积时可以避免坩埚材料引起的污染问题，曾经申请过相关的专利。但到 20 世纪 60 年代才出现简单的真空弧沉积装置。20 世纪 70 年代到 90 年代初，日、美、前苏联的研究机构开始集中研究通过磁场来对阴极斑的运动进行控制和采取屏蔽的方法来降低大颗粒的产生率及它对膜层的污染，这个阶段还出现了利用多个弧源同时在大面积上合成薄膜的方法。90 年代中期以来，真空弧技术及其应用得到了飞速发展。TiN，ZrN，HfN 和 TiC 等具有优异机械性能的陶瓷膜层的合成为真空弧技术提供了广阔的应用前景。优良的金属蒸汽真空弧离子源的出现还促进了金属离子注入材料表面改性和真空弧沉积合成薄膜等应用技术的开发研究。中科院上海冶金所在 20 世纪 90 年代中期从澳大利亚引进了我国第一台直流金属蒸气真空弧磁过滤沉积系统。国内最早开展金属蒸汽真空弧技术研究的单位是北京师范大学低能核物理研究所。目前国内能够生产 MEVVA 离子注入机和磁过滤沉积系统的单位除了北京师范大学以外，还有哈工大和大连理工大学等机构。

1. 阴极真空弧技术产生金属等离子体蒸气的原理

阴极真空弧放电是在真空中，阴极和阳极间产生强烈的电弧放电。阴极真空弧源的结构如

图 4-3-1 所示,放电过程中阴极材料的蒸发是通过在阴极表面产生极高温度的阴极斑来实现的。在没有外加磁场的作用下,阴极斑以极其无规则的方式在阴极表面运动,在有磁场存在时,阴极斑将沿 $-J \times B$ 的方向运动。在弧流低于 100 A 时,一般仅有一个阴极斑;在弧流较高时,会有多个阴极斑同时出现。阴极斑的尺寸可以从 1 μm 到 20 μm 不等,弧斑处电子、原子、光子和微米尺寸的阴极材料颗粒大量喷发出来,使阴极斑表面蒸气压高达 35 个大气压。在这样高压高密度气氛下,电子和原子剧烈碰撞,从而形成了高度电离的高密度该阴极材料元素的等离子体。

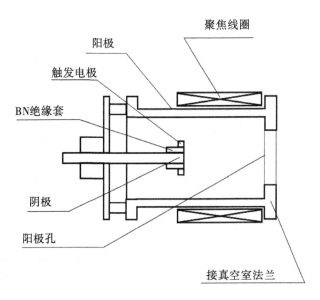

图 4-3-1　阴极真空弧源的结构

有几种模型可以解释阴极真空弧产生等离子体的原理,其中准静态模型在金属蒸气真空弧技术的研制过程中应用最为广泛。该模型将阴极斑分成熔化区、加速区和电离区三个区域,如图 4-3-2 所示。触发开始时,由于触发电极和阴极表面很小的一个区域形成电击穿,使这一区域的阴极温度急剧升高,造成此区域内的金属被熔化,由于这部分阴极表面的温度较高和外加电场的存在,会有大量的电子伴随阴极原子从熔化区发射出来。在熔化区之上是一个很薄的加速区,在这一区域中,电子被加速,大约在一个平均自由程之后,电子和金属原子发生激烈碰撞,导致金属原子几乎 100% 被电离,从而形成一个高密度($2 \sim 10 \times 10^5$ Pa)的等离子体区。由于梯度漂移,大量的电子和离子向外扩散,由于电子的机动性好,导致双极扩散,所以在电离区近阴极边缘形成一正离子层。正离子层在加速区和阴极表面形成强电场,在等离子体从电离区阳极一侧被引出的同时,电离区近阴极一侧有部分离子在加速区电场作用下会对熔区产生一巨大的压强,可达 10^8 Pa,造成大量液滴从熔化区边缘靠近阴极表面的方向被溅射出来,在

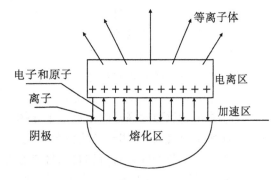

图 4-3-2　产生金属蒸气真空弧的准静态模型

加速电子的碰撞下,新溅射出来的液滴也基本上被电离成金属离子,这个过程周而复始,大量的金属等离子体被电弧不断电离出来。

2. MEVVA 离子注入机

1985 年哈佛的 I. G. Brouwn 教授发明了基于阴极弧技术的离子注入机,其基本工作原理和磁过滤阴极弧沉积系统是一样的,只是金属离子离开弧源以后需要在强场下加速和定向,国内北京师范大学的张荟星教授在这方面做得比较好,拥有数个这方面的专利。MEVVA 离子注入机的结构和实物图片如图 4-3-3 所示。

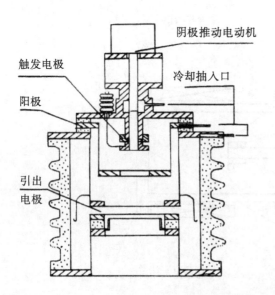

图 4-3-3　MEVVA 离子注入机的结构和实物外表图

MEVVA 离子注入机可应用于多个应用领域,包括:摩擦学领域,主要含三个方面,改善工具的切割特性,提高抗磨损和抗粘着特性,延长挤压模具的寿命;金属疲劳;金属腐蚀,表面合金的结构对金属腐蚀有重要的影响;催化;陶瓷材料;聚合物;类金刚石薄膜;半导体微细加工;纳米材料领域等。

相较于其他真空薄膜生长及掺杂技术,MEVVA 离子注入机有下列的特点:

(1) 注入的元素和添加的元素可以任意选取;

(2) 注入或添加元素时不受温度的限制;

(3) 注入不受基体的固溶度、扩散系数和结合力的影响;

(4) 可以精确控制掺杂数量和掺杂深度;

(5) 离子注入横向扩散可忽略,深度均匀;

(6) 注入掺杂大面积均匀性好;

(7) 掺杂杂质纯度高;(以上适合半导体微细加工技术)

(8) 离子束流大,适用于工业生产;

(9) 适用于各种固体材料和粉末材料改性要求;

(10) 直接离子注入不会改变工件尺寸,适合精密机械零件的表面改性;

(11) 离子束增强沉积则可获得大于 $1~\mu m$ 厚的改性层和超硬层,适合于恶劣条件下抗磨损和抗腐蚀条件的应用。

3. 离子束与靶作用的物理过程

离子注入过程中，一定能量的入射离子，注入到固体靶内，将与靶原子反复冲撞而失去能量，最终停止在靶内某一位置。由于这种级联碰撞的结果，在靶材表层将出现大量的晶格缺陷，这种离子注入造成的晶格缺陷，也称辐射损伤。同时由于离子注入固体材料的表层，其组成也发生了改变。

载有一定能量的离子射入固体靶中，能量损失主要分为以下几种：① 核碰撞损失。入射离子与靶内原子核的相互作用，是弹性碰撞过程。其结果是在碰撞过程中，入射离子能量传递给靶原子，离子产生大角度散射或使晶格原子产生离位而损失能量。② 电子碰撞损失。入射离子与原子内电子相互碰撞，是非弹性碰撞过程。电子碰撞的结果可能引起靶原子电离等。③ 离子与靶原子之间进行电荷交换。无论在那种碰撞过程中，载能离子每经历一次碰撞就将部分能量传递给原子或电子，同时相应减少离子本身的能量。直到经多次碰撞后入射离子的能量几乎耗尽，它才在固体中作为一种杂质原子停留下来。一个离子从射入靶到停止所走过的路程称为射程，以 R 表示。射程在入射方向上的投影长度称为投影射程，以 R_p 表示。注入离子在固体材料中的运动过程中，与不同粒子碰撞造成的能量损失可用阻止本领来描述，单个原子在单位运动路程上的能量损失可表示为

$$-\frac{\mathrm{d}E}{\mathrm{d}x} = N[S_n(E) + S_e(E)] \qquad (4-3-1)$$

式中，E 为离子能量，x 为投影距离，$S_n(E)$ 为核阻止本领，$S_e(E)$ 为电子阻止本领，N 为单位体积内靶原子的平均数。如果 $S_n(E)$ 和 $S_e(E)$ 已知，则对式（4-3-1）积分，就能得到一个初始能量为 E 的入射离子在靶中走过的总路程，即平均总射程

$$R = \int_0^R \mathrm{d}x = \int_0^E \mathrm{d}E/[S_n(E) + S_e(E)] \qquad (4-3-2)$$

离子注入的深度是离子能量和质量以及基体原子质量的函数。一般情况，离子愈轻或靶原子愈轻，能量愈高，注入深度愈大。一旦到达表面，离子本身就被中和，并成为材料的整体部分，注入的离子能够与固体原子作用，彼此之间化合形成常规合金或化合物。

离子注入过程中与靶原子相互作用时可能发生的几种主要效应有：

（1）电子激发。离子注入过程中产生的激发效应主要是由电子碰撞引起的。对于电子激发，无论是带内还是带间激发（电子-空穴对），其能量转移都在 eV 范围内，受激状态能引起局部原子的键不稳定和重组或键断裂。

（2）原子离位。离子注入过程中，当注入离子与靶原子相撞时，如果靶原子从碰撞过程中获得足够大的能量，则将离开原来的晶格位置进入"间隙"，这种现象称为原子移位。离位原子最终在晶格间停留下来，成为一个间隙原子。它与原先位置上留下来的空位形成空位-间隙原子对（Frankel 缺陷对），这就是辐射损伤。显然辐射损伤对注入后的靶材性能有很大的影响。只有与核碰撞损失的能量才能产生辐射损伤；与电子碰撞损失的能量，一般不产生损伤。碰撞过程中，靶原子发生移位必须获得的最小能量（即移位能量），称为离位阈能（用 E_d 表示）。阈能大小依赖于晶格的不同方向。

（3）级联碰撞。一个载能入射离子在其路程上经多次碰撞，撞出若干个离位原子，称为初级碰撞原子，这些初级碰撞原子又在其路径上撞出若干个离位原子形成二级碰撞原子。同理，

具有相当能量的二级碰撞原子又能击出三级离位的碰撞原子，……，直到各个级次的碰撞静止下来，这些碰撞都是随机的，碰撞方向以及离位原子的方向都是杂乱的。这种离位碰撞的繁衍称为级联碰撞。级联碰撞在离子辐照过程中特别重要。假定靶原子是一个刚球，碰撞过程中，当靶原子所获得能量 $T_{\max} \geqslant 2E_d$ 时，级联就会发生。这个过程的持续时间为 10^{-12} s 量级。原子的级联碰撞导致入射离子与靶原子的高度混合。Brinkman 的研究表明，当初级碰撞原子的能量在几百电子伏特到几千电子伏特之间时，离位碰撞的平均自由程在 3 ～ 10 Å 的范围内。这意味着，连续两次离位碰撞的间距已经接近固体的点阵常数的量级。这种情况下，初级碰撞原子沿其路径所遇到的每个点阵原子发生碰撞并使之离位。此时用孤立的 Frankel 缺陷对来描述损伤就不再正确了。在这样的级联碰撞中，初级离位原子沿途的高密度碰撞驱使原子向外运动。离位原子停留下来后形成一个间隙原子壳包围着由大量空位构成的中心空芯。这种级联碰撞被称为离位峰。由此可见高密度级联形成的离位峰是不稳定的结构。一般认为这种结构即可能坍塌形成位错环，也有可能吸收周围的空位而长成宏观的孔洞。

（4）弛豫过程。紧接着级联碰撞的是一个弛豫过程，其持续时间一般为 10^{-10} ～ 10^{-9} s。载能入射离子在级联碰撞中除了产生离位原子和空位外，还有一部分能量将以另外的方式消散。不考虑级联碰撞过程中消耗于电子激发的那部分能量，仅就弹性碰撞而言，也存在一些传输能量小于离位阈能的小角掠射事件，而且所有的载能入射离子及离位原子在停留下来之前总会发生不能使靶原子离位的碰撞事件。发生这种碰撞所传递的能量不可能作为点缺陷的势能而储存起来，只能以另外的方式消散。可以肯定的是，这些接受碰撞又没离位的点阵原子将会在其平衡位置附近振动，振动幅度取决于所传递的能量。在振动过程中，还会激起周围原子的振动并在周围的原子中间散布开来。在弛豫阶段，载能入射离子引起的所有振动最终将以热的形式在受击原子周围的一个有限小的体积内突然释放出来，从而使固体局部温度升高到一个相当高的温度，然后再按照宏观热力学的传导方式将能量散开。这个过程被称为"热峰"（Thermal Spike）。根据热峰概念的计算，固体中的局域温度可以上升到 10^3 ～ 10^4 K，局域高温区与周围介质通过热传导，大约在 10^{-10} ～ 10^{-9} s 内恢复平衡。由此可以获得高达 10^{13} ～ 10^{14} K/s 的等效冷却速率。显然，这是一个非平衡过程。被离子束轰击的材料结构就是在这个热峰形成到消失的弛豫过程中形成的。由于这段时间很短，只能进行有限的原子移动，所以只有那些具有简单的 FCC，BCC 和 HCP 结构的晶体相或无序的非晶才能形成。总之，载能离子束与固体的作用是一个远离平衡态的物理过程，不完全受平衡热力学的限制，因此会出现很多新的现象。

（5）溅射。溅射是固体表面（包括近表面）的原子在载能离子的作用下逃逸表面的现象。当高能入射离子以一定的角度入射撞击靶面原子，或靶面产生级联碰撞，获得超过表面束缚能的原子就可能被溅射出去，从而产生原子的溅射效应。通常情况下，离子辐照导致靶材表面原子的溅射主要是通过碰撞级联的持续，而不是直接的原子撞击。材料的溅射性能用溅射系数 S 来表征，其意义是每个入射离子溅射出的靶原子的数目。材料的溅射系数与元素种类、离子种类和能量有关，一般 $S = 2 \sim 20$。

从上面离子束与材料的相互作用过程中，我们知道载能离子束作用于材料时，在材料中诱导原子碰撞，并积淀大量能量，因此将受作用的物质体系驱动到比其他方法更远的非平衡态 —— 远离平衡的状态。其次，添加的元素是通过原子的动力碰撞过程掺入到材料基体中去的，掺入过程基本上不依靠化学势和热扩散的驱动，因此用离子注入技术制备材料时，可以大幅度的降低材料的合成温度。

三、实验装置及材料

MEVVA 离子注入机,超声清洗机,100 纳米氧化锌薄膜的硅片,10 mm 铜(或银)圆棒,乙醇、丙酮等有机溶剂。

四、实验步骤

1. 样品的准备和安装

将直径为 10 mm、纯度 99.99％ 的铜(或银)圆棒装入 MEVVA 离子注入机的阴极绝缘套作为阴极。将表面镀有 100 nm 氧化锌薄膜的硅片放在离子注入机样品台的中央,等待注入。

2. 抽真空

按照前文的“真空系统操作规程”中所描述的步骤,对离子注入机的真空室进行抽真空。

3. 注入

当真空室的真空度优于 10^{-4} Pa 时,按下离子注入机的“冷却”按钮,对离子注入机进行油冷却,打开离子注入机的“离子源”按钮,对闸流管灯丝预热 5 ~ 10 min 左右,预热结束后调节触发电压和弧压至 100 ~ 150 V 左右,按下“负压”开关,调节负压电压至 2000 V,按下“高压”开关,调节加速电压至 2 万伏左右,将积分计数器清零,开启积分计数器的“触发”按钮,进行离子注入,注入的剂量(does)可以通过积分计数器的计数控制功能来进行控制。离子注入机的控制面板如图 4 - 3 - 4 所示。

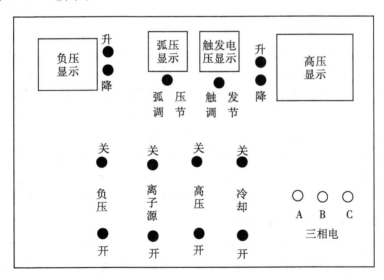

图 4 - 3 - 4　离子注入机的控制面板

4. 取样品

当注入结束后,按照前文的“真空系统操作规程”中所描述的步骤,将干燥氮气充入真空室,当真空室的门自动弹开后,取出样品。然后关闭真空室的门,按照操作规程将真空室的真空度重新抽到优于 10^{-4} Pa,然后关闭整个系统。

五、注意事项

（1）注意 100 nm 氧化锌薄膜的硅片表面保持良好的清洁度。氧化锌薄膜表面的清洁程度直接影响离子注入的效果，任何表面颗粒沉积都会因遮蔽而造成注入失效，甚至造成器件失效。离子注入前 100 nm 氧化锌薄膜的硅片必须经过严格的清洗和烘干。

（2）离子注入时要注意大尺寸效应和热效应。氧化锌薄膜表面尺寸增大将使得离子注入角在薄膜中心和边缘处有所不同，将导致离子注入效果不均匀。另外离子大剂量注入时将会导致氧化锌薄膜温度上升的问题。

六、思考题

1. 离子注入为何要求比较好的腔体真空度？
2. 离子注入的剂量与哪些因素有关？
3. 加速电压的大小与离子注入的深度有直接关联吗？

4-4　用化学气相沉积法生长金刚石膜

一、实验目的

了解真空技术基础知识，掌握多功能微波等离子体装置的使用方法，利用等离子体化学气相沉积装置制备金刚石薄膜材料。

二、实验原理

自然界中物质的形态除了固、液、气三种形态之外，还存在第四态，即等离子体状态。其实在浩渺的宇宙中，等离子体态是物质存在的最普遍的一种形态，包括恒星，星云等。从将等离子体划为物质的第四态这个角度来看，等离子体的产生过程为：固体物质在受热的情况下熔化成液体，液体进一步受热后变成气体，气体进一步受热后，中性的原子和分子电离成离子和电子，形成等离子体。因此，只要给予稀薄气体以足够的能量将其离解，便可使之成为等离子体状态。

气体被能量激励或激发成为等离子体后，等离子体中的离子或离子基团以及原子和原子基团之间的相互作用力将达到稳定或平衡。由于等离子体中含有大量具有高能量的活性基团，这使得等离子体能够参与或发生许多不同的化学或物理反应。制备功能薄膜便是其中的一例。

1. 等离子体化学气相沉积技术

薄膜的制备通常可分为物理气相沉积（PVD）和化学气相沉积法（CVD）。物理气相沉积法中用得较多的方法包括：溅射沉积、反应溅射沉积、蒸发镀膜、离子镀、反应离子镀等，用这些方法可制备金属膜、半导体薄膜、陶瓷薄膜，在光学、微电子、装饰等领域有广泛的应用。化学气相沉积是使几种气体（多数场合为 2 种）在高温下发生热化学反应而生成固体的反应。由于等离子体具有高能量密度、高活性离子浓度，从而引发在常规化学反应中不能或难以实现的物理变化和化学变化，等离子体 CVD 是通过能量激励将工作物质激发到等离子体态从而引发化学反应生成固体，具有沉积温度低、能耗低、无污染等优点，因此等离子体化学气相沉积法得到了广泛的应用。

等离子体化学气相沉积技术原理是利用低温等离子体作为能源,工件置于低气压下辉光放电的阴极上,利用辉光放电(或另加发热体)使工件升温到预定的温度,然后通入适量的反应气体,气体经一系列化学反应和等离子体反应,在工件表面形成固态薄膜。它包含化学气相沉积的一般技术,又具有辉光放电的增强作用。

等离子体化学气相沉积技术按等离子体能量源方式划分:有直流辉光放电、射频放电和微波等离子体放电等。随着频率的增加,等离子体强化 CVD 过程的作用越明显,形成化合物的温度越低。PCVD 的工艺装置由沉积室、反应物输送系统、放电电源、真空系统及检测系统组成。气源需用气体净化器除去水分和其他杂质,经调节装置得到所需要的流量,再与源物质同时被送入沉积室,在一定温度和等离子体激活等条件下,得到所需的产物,并沉积在工件或基片表面。所以,PCVD 工艺既包括等离子体物理过程,又包括等离子体化学反应过程。等离子体在进行化学气相沉积时,活性基团在基体表面发生一系列复杂的化学或物理反应,最终形成所需要的功能薄膜。反应方程式为

$$A(气) + B(气) \Rightarrow C(固) + D(气) \tag{4-4-1}$$

反应气体 A, B 被激发为等离子体状态,其活性基团发生反应生成所需的固态物沉积在基片上,可广泛用于功能薄膜或纳米材料的合成。如金刚石薄膜、氮化碳薄膜、生物或医用薄膜、碳纳米材料等。

2. 微波等离子体化学气相沉积(MW－PCVD)

微波等离子体的特点是能量大,活性强。激发的亚稳态原子多,化学反应容易进行,是一种颇有发展前途、用途广泛的新工艺,一般使用的微波频率为 2.45 GHz。

微波放电与直流辉光放电相比具有设备结构简单,容易起辉,耦合效率高,工作稳定,无气体污染及电极腐蚀,工作频带宽等优点,装置主要由微波发生器、环形器、定向耦合器、表面波导放电部分及沉积室组成。近代物理实验中所使用的微波等离子体化学气相沉积装置如图 4-4-1 所示。

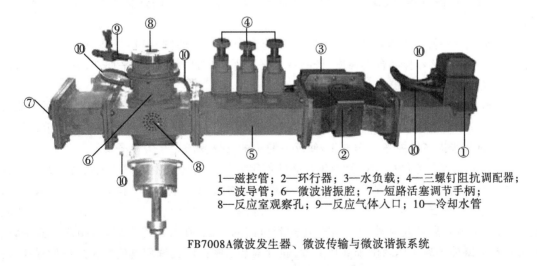

1—磁控管;　2—环行器;　3—水负载;　4—三螺钉阻抗调配器;
5—波导管;　6—微波谐振腔;　7—短路活塞调节手柄;
8—反应室观察孔;　9—反应气体入口;　10—冷却水管

FB7008A微波发生器、微波传输与微波谐振系统

图 4-4-1　FB7008A 微波等离子体化学气相沉积装置

本实验装置中,由微波源产生的频率为 2.45GHz 的微波,沿 BJ22 矩形波导管以 TE10 模

式传输,经过调整短路活塞,最后在水冷谐振腔反应室内激励气体形成轴对称的等离子体球,等离子体球的直径大小取决于真空沉积室中气体压力和微波功率。

基片加热采用等离子体自加热方式,根据装置配置的不同,基片温度可以通过水冷或调节等离子体的参数以及等离子体于基片的接触状态来控制。对于近代物理实验中所使用的 $CH_4 - H_2$ 气体系统而言,气体发生离解而产生大量的含碳基团和原子氢。含碳基团在基片表面进行结构重组,由于原子氢对 SP^2 键碳原子的刻蚀作用远比对 SP^3 键碳原子的刻蚀作用强烈,这样重组后具有金刚石结构的 SP^3 键保留下来,在合适的工艺条件下,可实现金刚石的形核、生长,并在基片表面上得到完整的金刚石薄膜。

三、实验装置及材料

FB7008A 型多功能微波等离子体装置、超声清洗机、高倍光学显微镜、硅片、氢气、甲烷或甲醇气体、乙醇和丙酮等有机溶液

四、实验步骤

(1)FB7008A 实验装置设计了缺水保护装置,冷却系统缺水时,实验装置除总电源开关,其他系统是无法启动的,这一措施保证了仪器的使用安全。当首次使用本仪器时,必须把冷却水水箱里加满冷却水。加水方法是:把小型专用潜水泵放到盛水的容器里,水泵的出水皮管放到冷却水箱里,水泵的电源插头插到机箱内的专用电源插座上,闭合仪器的电源总开关,潜水泵即开始工作,把水加入水箱中,当水位到达目标位时,水箱浮子使水泵专用电源插座自动断电,水位指示灯亮。这时候,再按下专用电源旁的按钮 5 s,再补充一些管路中需填充的冷却水。确保水位符合要求。撤去潜水泵,盖好水箱盖子。接着可按下冷却键,3 min 后,制冷系统自动开始工作。

(2)检查确认真空气路的连接是否正常。检查外接气源气路的连接是否正常,在气源 I 接口接入甲烷或甲醇气体、气源 II 接口接入氢气,确认以上气路的连接正常后,进行下一步操作。

(3)将硅片用乙醇溶液超声清洗、吹干,打开真空室上方的观察窗,将准备好的基片放到样品台上,同时调整好样品台的高度,样品台上平面保持同波导管的下平面在同一水平高度,样品放置好后,装好观察窗。

(4)按顺序依次打开总电源 → 冷却水 → 真空泵 → 热阻真空计 → 电阻真空计,抽本底真空到要求值。先把微波功率调节旋钮逆时针调到底,然后打开高压开关,再顺时针调节微波功率调节旋钮逐步提高磁控管工作电压,使反应腔中的气体受激产生等离子体。

(5)打开氢气气瓶阀(注意:使用氢气必须使用氢气减压阀),在打开气瓶阀时必须有确保氢气减压阀关闭,打开气瓶阀后,再打开氢气减压阀阀门,氢气流量控制在 0.2 MPa 以下。打开转子流量计,按照(表4-4-1实验条件)的参考值调节流量计流量,关闭隔膜阀,关闭电阻真空计,通过调节高真空微调阀,使工作气压达到所需的气压,在气压稳定后,关闭热阻真空计。调节短路活塞使等离子体球位于基片上方。通过调节三螺钉阻抗调配器使微波的反射最小(通过反射测量的大小观察),在反应腔内得到最大的功率。

(6)打开基片温度开关,观测在工作时基片台的工作温度,通过调节微波功率使基片台的温度达到实验所需的工作温度。

（7）基片生长设定时间金刚石薄膜后，按以下顺序关闭装置：先关闭气路，然后逐步调低微波功率，关高压；待基片台的温度冷却到 100℃ 以下，关真空泵；再关闭冷却水电源开关；关闭总电源开关。打开反应室手动放气阀，打开真空室，取出样品。

（8）在高倍光学显微镜下观察金刚石薄膜的形貌，并通过实验小组间的横向比较，分析不同工艺参数对金刚石薄膜生长的影响。

基片表面生长金刚石薄膜的生长条件见表 4－4－1。

表 4－4－1　薄膜实验生长条件

	甲醇流量 （ml/min）	氢气流量 （ml/min）	工作气压 kPa	阳极电流 mA	基片温度 ℃	沉积时间 h
参考值	20 ～ 40	80 ～ 200	4 ～ 9	150 ～ 180	400 ～ 700	1.5 ～ 2.5
实验值						

五、注意事项

（1）本实验中涉及到使用易燃易爆气体，所以在实验过程中，应保证有人在现场值班关注气体状况。

（2）在调节气体流量时，速度要缓慢，否则会造成等离子体火球熄灭。如果等离子体火球熄灭，需要马上调节微调阀，可以使等离子体火球重新点燃。

六、思考题

1. 影响基片温度的因素有哪些？
2. 本实验中，若用乙醇作为碳源气体对实验有什么影响，工艺参数应作何调整？

第 5 章

微波实验

5-0　基础知识

一、微波概念

微波通常是指波长范围为 1 mm 至 1 m，即频率范围为 300 GHz 至 300 MHz 的电磁波。根据波长的差异还可以将微波分为米波、分米波、厘米波和毫米波。微波的频率范围是处于光波和广播电视所采用的无线电波之间，微波技术的应用十分广泛，已经深入到国防军事（雷达、导弹、导航）、国民经济（移动通信、卫星通信、微波遥感、工业干燥、酒老化）、科学研究（射电天文学、微波波谱学、量子电子学、微波气象学）、医疗卫生（肿瘤微波热疗、微波手术刀），以及家庭生活（微波炉）等各个领域，正在成为日常生活和尖端科学发展所不可缺少的一门现代技术。

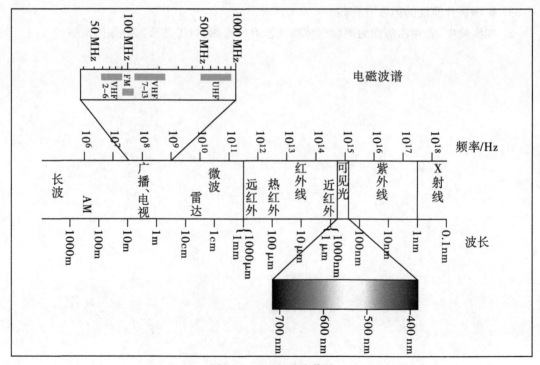

图 5-0-1　电磁波谱图

微波的主要特点：

（1）波长短（1m～1mm）：具有直线传播的特性，利用这个特点，就能在微波波段制成方向性极好的天线系统，也可以收到地面和宇宙空间各种物体反射回来的微弱信号，从而确定物体的方位和距离，为雷达定位、导航等领域提供了广阔的应用。

（2）频率高：微波的电磁振荡周期（$10^{-9} \sim 10^{-12}$ s）很短，已经和电子管中电子在电极间的飞越时间（约 10^{-9} s）可以比拟，甚至还小，因此普通电子管不能再用作微波器件（振荡器、放大器和检波器）中，而必须采用原理完全不同的微波电子管（速调管、磁控管和行波管等）、微波固体器件和量子器件来代替。另外，微波传输线、微波元件和微波测量设备的线度与波长具有相近的数量级，在导体中传播时趋肤效应和辐射变得十分严重，一般无线电元件如电阻，电容，电感等元件都不再适用，也必须用原理完全不同的微波元件（波导管、波导元件、谐振腔等）来代替。

（3）微波在研究方法上不像无线电那样去研究电路中的电压和电流，而是研究微波系统中的电磁场，以波长、功率、驻波系数等作为基本测量参量。

（4）量子特性：在微波波段，电磁波每个量子的能量范围大约是 $10^{-6} \sim 10^{-3}$ eV，而许多原子和分子发射和吸收的电磁波的波长也正好处在微波波段内。人们利用这一特点来研究分子和原子的结构，发展了微波波谱学和量子电子学等尖端学科，并研制了低噪音的量子放大器和准确的分子钟，原子钟（北京大华无线电仪器厂）。

（5）能穿透电离层：微波可以畅通无阻地穿越地球上空的电离层，为卫星通讯，宇宙通讯和射电天文学的研究和发展提供了广阔的前途。

综上所述微波具有自己的特点，不论在处理问题时运用的概念和方法上，还是在实际应用的微波系统的原理和结构上，都与普通无线电不同。微波实验是近代物理实验的重要组成部分。

二、电磁波的基本关系

描写电磁场的基本方程是：

$$\Delta \cdot D = \rho, \quad \Delta \cdot B = 0$$
$$\Delta \times E = \frac{\partial B}{\partial t}, \quad \Delta \times H = j + \frac{\partial B}{\partial t} \qquad (5-0-1)$$

和

$$D = \partial E, \qquad B = \mu H, \qquad j = \gamma E \qquad (5-0-2)$$

方程组（5-0-1）称为 Maxwell 方程组，方程组（5-0-2）描述了介质的性质对场的影响。

对于空气和导体的界面，由上述关系可以得到边界条件（左侧均为空气中场量）

$$E_t = 0, \qquad E_n = \frac{\sigma}{\varepsilon_0}, \qquad H_t = i, \qquad H_n = 0 \qquad (5-0-3)$$

方程组（5-0-3）表明，在导体附近电场必须垂直于导体表面，而磁场则应平行于导体表面。

三、矩形波导中波的传播

在微波波段，随着工作频率的升高，导线的趋肤效应和辐射效应增大，使得普通的双导线不能完全传输微波能量,而必须改用微波传输线。常用的微波传输线有平行双线、同轴线、带状线、微带线、金属波导管及介质波导等多种形式的传输线,本实验用的是矩形波导管,波导是指能够引导电磁波沿一定方向传输能量的传输线。

　　根据电磁场的普遍规律——Maxwell 方程组或由它导出的波动方程以及具体波导的边界条件,可以严格求解出只有两大类波能够在矩形波导中传播:① 横电波又称为磁波,简写为 TE 波或 H 波,磁场可以有纵向和横向的分量,但电场只有横向分量。② 横磁波又称为电波,简写为 TM 波或 E 波,电场可以有纵向和横向的分量,但磁场只有横向分量。在实际应用中,一般让波导中存在一种波型,而且只传输一种波型,我们实验用的 TE_{10} 波就是矩形波导中常用的一种波型。

1. TE_{10} 型波

　　在一个均匀、无限长和无耗的矩形波导中,从电磁场基本方程组(5-0-1)和(5-0-2)出发,可以解得沿 z 方向传播的 TE_{10} 型波的各个场分量为

$$H_x = \mathrm{j}\frac{\beta a}{\pi}\sin\left(\frac{\pi x}{a}\right)\mathrm{e}^{\mathrm{j}(\omega t - \beta z)}, \qquad H_y = 0, \qquad H_z = \mathrm{j}\frac{\beta a}{\pi}\cos\left(\frac{\pi x}{a}\right)\mathrm{e}^{\mathrm{j}(\omega t - \beta z)}$$

$$E_x = 0, \qquad E_y = \mathrm{j}\frac{\omega\mu_0 a}{\pi}\sin\left(\frac{\pi x}{a}\right)\mathrm{e}^{\mathrm{j}(\omega t - \beta z)}, \qquad E_z = 0 \qquad (5-0-4)$$

式中,ω 为电磁波的角频率,$\omega = 2\pi f$,f 是微波频率;a 为波导截面宽边的长度;β 为微波沿传输方向的相位常数 $\beta = 2\pi/\lambda_g$;λ_g 为波导波长,$\lambda_g = \dfrac{\lambda}{\sqrt{1-\left(\dfrac{\lambda}{2a}\right)^2}}$

　　图 5-0-2 和式 5-0-4 均表明,TE_{10} 波具有如下特点:

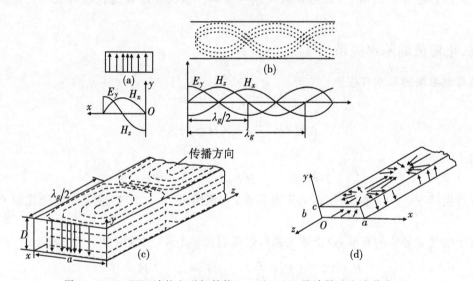

图 5-0-2　TE_{10} 波的电磁场结构(a),(b),(c) 及波导壁电流分布(d)

　　(1)存在一个临界波长 $\lambda = 2a$,只有波长 $\lambda < \lambda_C$ 的电磁波才能在波导管中传播
　　(2)波导波长 $\lambda_g >$ 自由空间波长 λ。
　　(3)电场只存在横向分量,电力线从一个导体壁出发,终止在另一个导体壁上,并且始终平行于波导的窄边。

(4)磁场既有横向分量,也有纵向分量,磁力线环绕电力线。

(5)电磁场在波导的纵方向(z)上形成行波。在 z 方向上,E_y 和 H_x 的分布规律相同,也就是说 E_y 最大处 H_x 也最大,E_y 为零处 H_x 也为零,场的这种结构是行波的特点。

2. 波导管的工作状态

如果波导终端负载是匹配的,传播到终端的电磁波的所有能量全部被吸收,这时波导中呈现的是行波。当波导终端不匹配时,就有一部分波被反射,波导中的任何不均匀性也会产生反射,形成所谓混合波。为描述电磁波,引入反射系数与驻波比的概念,反射系数定义为

$$\Gamma = E_r/E_i = |\Gamma| e^{j\phi}$$

驻波比 ρ 定义为

$$\rho = \frac{E_{max}}{E_{min}}$$

式中,E_{max} 和 E_{min} 分别为波腹和波节。

不难看出:对于行波,$\rho=1$;对于驻波,$\rho=\infty$;而当 $1<\rho<\infty$,是混合波。图 5-0-3 为行波、混合波和驻波的振幅分布波示意图。

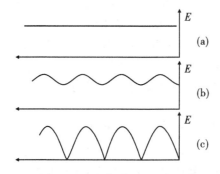

图 5-0-3　(a)行波,(b)混合波,(c)驻波点电场 E 的大小。

3. 常用微波元件及设备简介

(1)微波源:提供所需微波信号,YM1124 标准信号发生器是实验室常见的微波信号源,它能提供的频率范围在 7.5~12.4 GHz 内可调,实际的频率大小要用频率计来进行测量。工作方式有等幅、方波(1 kHz)调制信号等。

(2)波导管:本实验所使用的波导管型号为 BJ—100,其内腔尺寸为 $a=22.86$ mm,$b=10.16$ mm。其主模频率范围为 8.20~12.50 GHz,截止频率为 6.557 GHz。

(3)隔离器:位于磁场中的某些铁氧体材料对于来自不同方向的电磁波有着不同的吸收,经过适当调节,可使其对微波具有单方向传播的特性(见图 5-0-4)。隔离器常用于振荡器与负载之间,起隔离和单向传输作用。

(4)衰减器:把一片能吸收微波能量的吸收片垂直于矩形波导的宽边,纵向插入波导管即成(见图 5-0-5),用以部分衰减传输功率,沿着宽边移动吸收片可改变衰减量的大小。衰减器起调节系统中微波功率以及去耦合的作用。

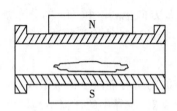

图5-0-4　隔离器结构示意图

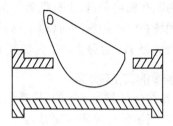

图5-0-5　衰减器结构示意图

（5）谐振式频率计（波长表）：电磁波通过耦合孔从波导进入频率计的空腔中，当频率计的腔体失谐时，腔里的电磁场极为微弱，此时，它基本上不影响波导中波的传输。当电磁波的频率满足空腔的谐振条件时，发生谐振，反映到波导中的阻抗发生剧烈变化，相应地，通过波导中的电磁波信号强度将减弱，输出幅度将出现明显的跌落，从刻度套筒可读出输入微波谐振时的刻度，通过查表可得知输入微波谐振频率。

（6）驻波测量线：驻波测量线是测量微波传输系统中电场的强弱和分布的精密仪器。在波导的宽边中央开有一个狭槽，金属探针经狭槽伸入波导中。由于探针与电场平行，电场的变化在探针上感应出的电动势经晶体检波器变成电流信号输出。

（7）晶体检波器：从波导宽壁中点耦合出两宽壁间的感应电压，经微波二极管进行检波，调节其短路活塞位置，可使检波管处于微波的波腹点，以获得最高的检波效率。

（8）匹配负载：波导中装有很好地吸收微波能量的电阻片或吸收材料，它几乎能全部吸收入射功率。

（9）单螺调配器：插入矩形波导中的一个深度可以调节的螺钉，并沿着矩形波导宽壁中心的无辐射缝作纵向移动，通过调节探针的位置使负载与传输线达到匹配状态（见图5-0-6）。调匹配过程的实质，就是使调配器产生一个反射波，其幅度和失配元件产生的反射波幅度相等而相位相反，从而抵消失配元件在系统中引起的反射而达到匹配。

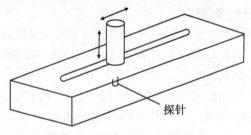

探针

图5-0-6　单螺调配器示意图

（10）选频放大器：用于测量微弱低频信号，信号经升压、放大，选出1kHz附近的信号，经整流平滑后由输出级输出直流电平，由对数放大器展宽供给指示电路检测。其频率微调旋钮用于调节选放回路的谐振频率，当其与信号源调制频率相同时输出最大。

（11）短路板：在微波测试系统中实现终端短路的微波标准器件，可用铜板。

5−1　微波测试系统的调试与微波基本参量的测量

在普通无线电波段中,分布参数的影响往往可以忽略,但在微波波段中则不然,由于微波的波长很短,传输线上的电压、电流既是时间的函数,又是位置的函数,使得电磁场的能量分布于整个微波电路而形成"分布参数",导致微波的传输与普通无线电波完全不同。此外微波系统的测量参量是功率、波长和驻波参量,这也是和低频电路不同的。在本实验中我们将学习在处理微波波段问题时所采取的方法,以加深对微波基本知识的理解。

一、实验目的

1. 了解微波测试系统的组成及各部分的作用,正确使用实验仪器。
2. 了解微波信号源的基本工作特性和微波的传输特性。
3. 熟练掌握交叉读数法测量波导波长的方法。
3. 掌握频率、功率以及驻波比等基本量的测量。

二、实验原理

(1)微波的传输特性。在微波波段,为了避免导线辐射损耗和趋肤效应等的影响,一般采用波导作为微波传输线。微波在波导中传输具有横电波(TE 波)、横磁波(TM 波)和横电波与横磁波的混合波三种形式。本实验中使用的标准矩形波导管,采用的传输波形是 TE$_{10}$波。

波导中存在入射波和反射波,描述波导管中匹配和反射程度的物理量是驻波比和反射系数。依据终端负载的不同,波导管具有三种工作状态:

1) 当终端接匹配负载时,反射波不存在,波导中呈行波状态;

2) 当终端接短路片、开路或接纯电抗性负载时,终端全反射,波导中呈纯驻波状态;

3) 一般情况下,终端上部分反射,波导中传输的既不是行波,也不是纯驻波,而是呈行驻波状态。

(2)微波频率的测量。微波的频率是表征微波信号的一个重要的物理量,频率的测量采用吸收式频率计。当调节频率计,使其自身空腔的固有频率与微波信号频率相同时,则产生谐振,此时通过连接在微波通路上的微安表可观察到信号幅度明显减小的现象。注意,应以减幅最大的位置作为判断频率测量值的依据。

(3)微波功率的测量。微波功率是表征微波信号强弱的一个物理量,通常采用替代或比较的方法进行测量。实验室中采用吸收式微瓦功率计进行测量。

(4)波导波长的测量。波导波长在数值上为相邻两个驻波极值点(波腹或波节)距离的两倍。由于在极大值点附近变化缓慢,峰顶位置不易确定,实际采用测定驻波极小值点的位置来求出波导波长。考虑到驻波极小值点附近变化平缓,因而测量值不够准确。为了提高测量精度,通常采用"交叉读数法"确定波节点的位置,并测出几个波导波长,再求其平均值。所谓交叉读数法,就是在波节点两旁附近找出指示电表读数相等的两个对应位置 d_{11},d_{12},d_{2l},d_{22},然后分别取其平均值来确定波节的位置。如图 5−1−1 所示。

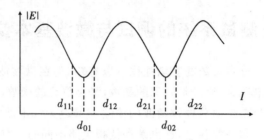

图 5-1-1　交叉读数法测驻波节点位置

$$d_{01}=\frac{1}{2}(d_{11}+d_{12}) \qquad d_{02}=\frac{1}{2}(d_{21}+d_{22})$$

$$\lambda_g=2\,|\,d_{02}-d_{01}\,|$$

理论值，$\lambda_g=\dfrac{\lambda}{\sqrt{1-(\dfrac{\lambda}{2a})^2}}$，$a=22.86\ \text{mm}。$

（5）驻波比的测量．驻波比定义为波导中驻波极大值点驻波极小值点的电场强度之比。即

$$\rho=E_{\max}/E_{\min} \tag{5-1-1}$$

由于终端负载不同，驻波比也有大中小之分。因此，驻波比测量的首要问题是，根据驻波极值点所对应的检波电流，粗略估计驻波比 ρ 的大小。在此基础上，再做进一步的精确测定。实验中微波信号比较微弱，可认为检波晶体（微波二极管）符合平方率检波，即 $I\propto E^2$。依据公式求出 ρ 的粗略值后，再按照驻波比的三种情况进一步精确测定 ρ 值。

1）小驻波比（$1.05<\rho<1.5$）。这时，驻波的最大值和最小值相差不大，且不尖锐，不易测准，为了提高测量准确度，可移动探针到几个波腹点和波节点记录数据，然后取平均值再进行计算。

若驻波腹点和节点处电表读数分别为 $I_{\max}$，$I_{\min}$，则电压驻波系数为

$$\rho=\frac{E_{\max1}+E_{\max2}+\cdots+E_{\max E}}{E_{\min1}+E_{\min2}+\cdots+E_{\min E}}=\frac{\sqrt{I_{\max1}}+\sqrt{I_{\max2}}+\cdots+\sqrt{I_{\max n}}}{\sqrt{I_{\min1}}+\sqrt{I_{\min2}}+\cdots+\sqrt{I_{\min n}}} \tag{5-1-2}$$

2）中驻波比（$1.5<\rho<6$）。此时，只须测一个驻波波腹和一个驻波波节，即直接读出 $I_{\max}$，$I_{\min}$。

$$\rho=\frac{E_{\max}}{E_{\min}}=\sqrt{\frac{I_{\max}}{I_{\min}}} \tag{5-1-3}$$

3）大驻波比（$\rho>6$）（选做）。在大驻波比情况下，检波电流 $I_{\max}$ 与 $I_{\min}$ 相差太大，在波节点上检波电流极小，在波腹点上二极管检波特性远离平方率，故不能用（5-1-3）式计算驻波比，可采用二倍极小功率法，利用驻波测量线测量极小点两旁功率为其二倍的点坐标，进而求出二者间距 d，则

$$\rho=\lambda_g/\pi_d \tag{5-1-4}$$

实验中采用驻波测量线和选频放大器来测定波导波长和驻波比。本实验测量驻波比的方法可用直接法。

直接法操作的具体步骤是：在终端接上被测负载，然后将测量线的探针移到测量线中间部位的某个波腹点，通过调节可变衰减器，将波腹点的电表指示值调整为满刻度（即驻波比等于

1 处),接着将测量线探针移到波节点的位置,这时读取选频放大器上驻波比刻度线(S<4 档)所对应的值,就是终端负载驻波比的值。

三、实验装置

整个微波测量线路由 3 cm 波段波导元件组成,其主要元件为隔离器、衰减器、频率计、选频放大器、单螺调配器、检流计、微瓦功率计、驻波测量线等。

四、实验内容

(1)熟悉有关仪器的基本原理和使用。

(2)将信号源的工作方式选择为 1 kHz 方波调制。

(3)频率测量。用检流计、频率计测量微波信号频率。

(4)功率测量。直接用功率计测量微波功率。

(5)波导波长的测量。在微波测量线终端接上短路板,使系统处于短路状态,选择合适的驻波波节点,一般选在测量线的有效行程的中间位置,并选择一个合适的检波指示值(I_0 或 E_0),然后按交叉读数法测量波导波长。测量三组数据,取算术平均值作为波导波长的测量值。

(6)驻波分布的测量。在测量线终端接上短路板,将测量线探针移动到测量线的一端,然后移动探针到测量线的另一端,并在移动过程中,选择合适的位置,记录测量线探针的位置 d(mm)以及对应的电表指示值。要测量包括三个波腹点和两个波节点在内,同时在每个波腹和波节点之间测量不少于 4 个点。

取下短路板,按同样的方法分别测量终端开口、终端接匹配负载及接晶体检波器时的驻波分布。

(7)驻波比的测量。在终端开口接匹配负载和晶体检波器的情况下,用直接法(或按平方律检波法)测量负载的驻波比,记录数据。

五、注意事项

(1)频率计的使用:频率计是用来测量频率的仪器,而不是用来调整频率的微波器件。测完频率后应将频率计失谐。

(2)波导波长的测量方法中要注意指示不要太大,尽量不要在测量线的两端进行测量,读数要细心。

(3)测量波导波长时,测量线探针位置应该向一个方向移动,以免引入机械回差。

六、思考与讨论

1.驻波节点的位置在实验中精确测准不容易,如何进行比较准确的测量?

2.利用驻波测量线测定的波导波长 λ_g 与自由空间波长 λ 的大小关系?

3.波导波长测量过程中等指示值大小的选择会对结果有什么影响?

4.简述测量线探针电路的引入会对测量结果产生哪些影响?能否消除?

5.实验中当测量线终端开口时,驻波比不为无穷大,为什么?

5 – 2　阻抗的测量和匹配技术

一、实验目的

(1)掌握应用驻波测量线测量单口元件阻抗的原理和方法。

(2)熟悉利用螺钉调配器匹配的方法。

(3)熟悉 Smith 圆图在阻抗测量上的应用。

(4)初步了解谐振腔、波导魔 T 的特性。

二、实验原理

微波元件的阻抗参数或者天线的输入阻抗等是微波工程中的重要参数,计算微波元件或天线输入阻抗是非常麻烦且难以算准,需求出元件或天线输入端口的等效电压与等效电流的比值,这些又与微波元器件或天线制造材料的性质、几何结构,甚至与周围环境等参数有关。微波工程中用实际测量的方法是获得微波元器件输入阻抗的最有效和便捷的方法。因而阻抗测量是重要测量内容之一。本实验主要要求掌握应用测量线技术测量单口元件输入阻抗的方法。

1. 阻抗测量原理

根据前面的微波实验,传输线驻波分布情况和终端负载阻抗直接有关。由传输线理论可知,传输线上任一点的输入阻抗 Z_{in} 与其终端负载阻抗 Z_L 关系为:

$$Z_{in} = \frac{Z_L + j\tan\beta l}{1 + jZ_L\tan\beta l} \qquad (5-2-1)$$

其中,Z_0 为传输线的特性阻抗,$\beta = 2\pi/\lambda_g$ 为相移常数,l 为至终端负载的距离。

设传输线上第一个电压驻波最小点离终端负载的距离为 l_{min},电压驻波最小点处的输入阻抗在数值上等于 $1/\rho$ 即

$$Z_{in}\Big|_{l_{min}} = \frac{1}{\rho} \qquad (5-2-2)$$

将 $l = l_{min}$ 及 $Z_{in} = \frac{1}{\rho}$ 代入式(5-2-1),整理得:

$$Z_L = \frac{1 - j\rho\tan\beta l_{min}}{\rho - j\tan\beta l_{min}} \qquad (5-2-3)$$

或 $Z_L = R_L + jX_L$

$$R_L = \frac{\rho}{\rho^2\cos^2\beta l_{min} + \sin^2\beta l_{min}} \qquad (5-2-4)$$

$$X_L = \frac{(1-\rho^2)\cot^2\beta l_{min}}{\rho^2\cot^2\beta l_{min} + 1} \qquad (5-2-5)$$

所以,负载阻抗的测量实质上归结为电压驻波系数 ρ 及驻波相位 l_{min} 值的测量,当测出 ρ 及 l_{min} 后,就能由上式计算负载阻抗 Z_L。但是,这是一个复数运算,在工程上,通常由 ρ 和 l_{min} 从圆图上求出阻抗或导纳来。

电压驻波系数 ρ 的测量,已在实验一中讨论过了,现在来讨论 l_{min} 的测量方法。

由于测量线结构的限制,直接测量终端负载 Z_L 端面到第一个驻波最小点的距离 l_{min} 是比

较困难的。因此实际测量中常用"等效截面法"（以波导测量线系统为例）：首先将测量线终端短路，此时沿线的驻波分布如图 5-2-1(a)所示。用测量线测得某一驻波节点位置。D_T(任一驻波节点与终端的距离都是半波长的整倍数 $n\lambda_g/2, n=1,2,3,\cdots$)，将此位置定为终端负载的等效位置 D_T。然后去掉短路片改接被测负载，此时系统的驻波分布如图 5-2-1(b)所示。用测量线测得 D_T 左边第一个驻波最小点的位置 D_A 及 ρ，则 $l_{\min}=|D_T-D_A|$。驻波最小点截面处的阻抗为纯电阻，其电阻值即是以 0 为圆心，ρ 为半径的圆与纯电阻轴交点 A 所代表的值。由 A 点沿等 ρ 圆向负载方向旋转 $l_{\min}/\lambda_g$ 得到 T 点，点 T 的读数即为待测元件的归一化阻抗 Z_L。

以上是以波导测量线系统为例说明了阻抗测量的实验原理。对于同轴测量线系统，首先是将测量线终端开路，然后在将被测负载接上，所测的 D_T 和 D_A，要进行相应的变换才是公式中需要的 $l_{\min}$。

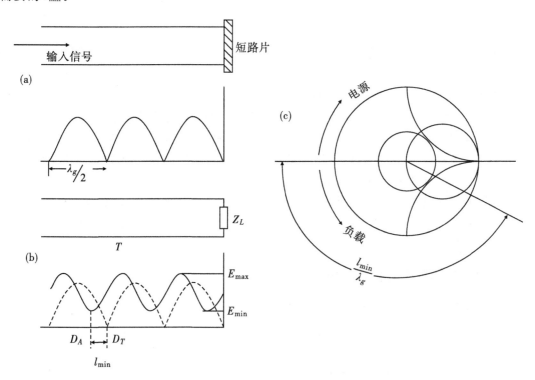

图 5-2-1　阻抗测量原理图

负载阻抗（单端口网络阻抗）的测量可由驻波系数及其波节点位置换算得到，系统上的输入阻抗周期性的变化，每隔阻抗重复一次，所以被测元件的输入阻抗可由测量线上距被测元件端口的参考面 T 的输入阻抗来确定，测量时测得驻波系数和参考面到波节点的距离通过圆图换算确定被测元件的阻抗。

2. 匹配技术

在微波传输及测量技术中，阻抗匹配是一个十分重要的问题。为保证系统处于尽可能好的匹配状态而又不降低传输系统的传输效率，必须在传输线与负载之间接入某种纯电抗性元件，如单螺调配器、多螺调配器以及单短截线、双短截线等调配器件，其作用是将任意负载阻抗变换为 $1+j0$（归一化值），从而实现负载和传输线的阻抗匹配。

单螺钉调配器:螺钉的作用是引入一个并联在传输线上的容性电纳,借助于导纳圆图很方便地求出螺钉的纵向位置 l 和电纳 jb 值,如图 5-2-2 所示。

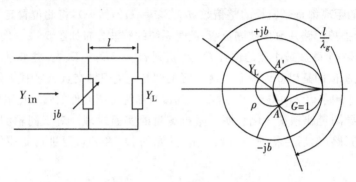

图 5-2-2 单螺钉调配器原理图

图中 Y_L 点表示被匹配的负载输入导纳,欲使负载匹配即 $Y_{in}=1+j0$,首先必须使螺钉所在的平面位于 $G=1$ 的圆上,由此在圆图上求得等 ρ 圆与 $G=1$ 圆的交点 A 和 A',A 点输入导纳 $Y_A=1-jb$,电纳呈感性。螺钉电纳呈容性,改变螺钉深度,即能改变并联的容性电纳值,使 $Y_{in}=1+j0$ 得到匹配。由于滑动单螺钉调配器能对圆图上任一导纳值调配,故在理想情况下它的禁区为零。

三螺钉调配器:这种调配器的螺钉位置固定在传输线上,依靠调配螺钉深度得到匹配。其调配要点是先右后左,循环多次,在调节过程中需不断观测驻波大小,使波节点电平提高,直至波节点和波腹点电平接近,驻波系数最小。

三短截线同轴调配器:三短截线彼此相距 $\lambda_g/4$ 固定在传输线上,依靠调节短截线长度得到匹配。其调配要点为先右后左,循环多次,在调节过程中也是不断使波节点电平提高,直至驻波系数最小。

三、实验仪器及实验装置图

实验装置如图 5-2-3、图 5-2-4 所示。

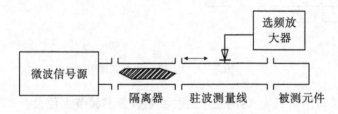

图 5-2-3 测量元件阻抗的示意图

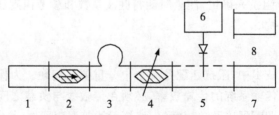

1—信号发生器;2—隔离器;3—频率计;4—可变衰减器;5—测量线;6—测量放大器;7—被测件;8—短路片

图 5-2-4 使用调配器调匹配的实验装置示意图

四、实验内容及实验步骤

1. 调整微波测量系统

(1)测量线输出端接匹配负载,按操作规程调整测量系统,并用频率计测量信号源工作频率。

(2)测量线终端换接短路板,用交叉读数法测量波导波长 λ_g,并确定位于测量线中间的一个波节点位置 d_T,计录测量数据。

2. 测量电感(或电容)膜片及晶体检波器输入阻抗

(1)取下短路板,测量线输出端接如图 5-2-5 所示的"电感(或电容)膜片+负载匹配测出 d_T 左边相邻驻波节点的位置 $d_{\min}$,计算 $l_{\min}=I d_{\min}-d_T I$,记录测量数据。

(2)用微波衰减器调整功率电平,使测量线探头晶体处于平方律检波范围。

用直接法测量驻波比 ρ,记录数据。

(3)根据 $\rho,l_{\min},\lambda_g$,应用公式或导纳圆图计算"电感(或电容)膜片+负载匹配"的归一化导纳。

ρ	$d_{\min}$	d_T	$I_{\min}$	λ_g

(4)测量线终端换接晶体检波器,重复步骤(1)～(3),将数据记录下述表格。

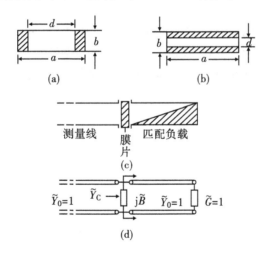

图 5-2-5　使用调配器调匹配的实验装置示意图

3. 用滑动单螺调配器(或三螺调配器)和双 T 调配器调配晶体检波器

用滑动单螺调配器(或三螺调配器)和双 T 调配器调配晶体检波器,使驻波比小于 1.05。

(1)不改变晶体检波器工作状态,将滑动单螺调配器接于测量线和晶体器之间,单螺钉完全退出波导.将所测数据记录下表。

晶体输入导纳 / 调配方法	$\overline{Y}_L$		$\rho =$		
由圆图首先确定螺钉与终端负载大约距离 l' 后调配	（波长数） χ	$\chi\lambda_g/mm$	l/mm （$n=$）	实际量得 I/mm	螺钉穿伸度 I/mm
直接调配					

(2)由滑动单螺调配器结构示意图所示，$l'=(n\lambda g/2)+\chi\lambda g(n=0,1,2,3,\cdots)$，估算调配螺钉应离开终端负载的大约距离 l'，记录数据于上表，并调节螺钉于此位置。

(3)缓慢调节螺钉穿伸度，并微调螺钉位置，用测量线跟踪驻波节点，使电表指示读数逐步增加；在用测量线跟踪驻波腹点，使指示电表读数逐步下降，反复数次，直至驻波比 $\rho<1.05$。测量螺钉与终端实际距离 l，读取螺钉穿伸度 t，将数据记于上表。

(4)不用圆图，直接用单螺钉配晶体检波器。调配器单螺钉穿伸度置于 $1\sim2$ mm，移动其位置，并用测量线分别跟踪驻波腹点与节点，直至螺钉在某一位置时，驻波腹点有下降，驻波节点有上升的趋势。这时，反复调整螺钉穿伸度，并微调位置，用测量线跟踪驻波大小，直至驻波比 $\rho<1.05$。测量螺钉离开终端负载的距离 l 及螺钉穿伸度 t，将数据记于上表，并与步骤(3)测得的 l,t 比较。

五、思考题

1. 测量微波元件阻抗时，为什么首先在测量线上确定"等效截面"？

2. 测量膜片阻抗时，为什么后面要接上匹配负载？如果不接，测得的阻抗代表什么？

3. 测量待测元件驻波极小点位置 $d_{\min}$ 时，是否必须在"等效截面"的左边？为什么？

第6章

磁共振

6-1 电子顺磁共振

1924 年泡利(Pauli)提出电子自旋概念。从 1954 年开始,电子自旋共振(ESR)逐渐发展成为一项新技术。电子自旋共振研究对象是具有未耦合电子的物质(如具有奇数个电子的原子、分子以及内电子壳层未被充满的离子,受辐射作用产生的自由基及半导体、金属等)。电子顺磁共振谱仪(又名电子自旋共振仪)正是基于电子自旋磁矩在磁场中的运动与外部高频电磁场相互作用下对电磁波共振吸收的原理而设计的。因为电子顺磁共振具有极高的灵敏度、测量时对样品无破坏作用,所以电子顺磁共振谱仪广泛应用于物理、化学、生物、医学和生命领域。

一、实验目的

(1)了解电子自旋共振现象。
(2)学习用微波频段检测电子自旋共振信号的方法。
(3)观察吸收或色散波形。
(4)用计算机记录实验结果。

二、实验原理

原子的磁性来源于原子磁矩,由于原子核的磁矩很小,可以忽略不计,所以原子的总磁矩由原子中各电子的轨道磁矩和自旋磁矩所决定。

1. 电子的轨道磁矩和电子的自旋磁矩

由原子物理可知,原子中电子的轨道磁矩为:

$$\boldsymbol{\mu}_L = -\frac{e}{2m_e}\boldsymbol{P}_L \tag{6-1-1}$$

其中 $\boldsymbol{P}_L$ 为轨道角动量,e 为电子电荷量(为正值),m_e 为电子质量。轨道角动量的数值大小为:

$$P_L = \sqrt{L(L+1)}\hbar \tag{6-1-2}$$

电子具有自旋,由量子力学可知,自旋磁矩为:

$$\boldsymbol{\mu}_S = -\frac{e}{m_e}\boldsymbol{P}_S \tag{6-1-3}$$

其中自旋角动量为:

$$P_s = \sqrt{S(S+1)}\hbar \tag{6-1-4}$$

式中，S 为自旋量子数，$S = 1/2$。自旋时电子具有自旋磁矩。

原子中电子的轨道磁矩和自旋磁矩合成原子的总磁矩，对于单电子原子来说，总磁矩 $\boldsymbol{\mu}_J$ 与总角动量 $\boldsymbol{P}_J$ 的关系为：

$$\boldsymbol{\mu}_J = -g\frac{e}{2m_e}\boldsymbol{P}_J = -g\frac{\mu_B}{\hbar}\boldsymbol{P}_J = \gamma\boldsymbol{P}_J \tag{6-1-5}$$

式中，$\gamma = -\dfrac{ge}{2m_e} = -\dfrac{g\mu_B}{\hbar}$ 称为回旋比，$\hbar$ 为约化普朗克常数，μ_B 为波尔磁子，$\mu_B = \dfrac{e}{2m}\hbar$，其值为 $0.927 \times 10^{-23}\ \mathrm{JT^{-1}}$。$g$ 为朗德因子，根据量子理论，电子的 $L - S$ 耦合，其朗德因子为：

$$g = 1 + \frac{J(J+1) - L(L+1) + S(S+1)}{2J(J+1)} \tag{6-1-6}$$

2. 外磁场中电子的能级

若电子处于外磁场 $\boldsymbol{B}$（沿 z 方向）中，由于 $\boldsymbol{B}$ 与磁矩 $\boldsymbol{\mu}_J$ 的作用，据量子力学的观点，$\boldsymbol{\mu}_J$ 与 $\boldsymbol{P}_J$ 的空间取向是量子化的，$\boldsymbol{P}_J$ 在外磁场（z）方向的投影 P_z 为：

$$P_z = m\hbar, \qquad m = J, J-1, \cdots -J \tag{6-1-7}$$

相应的磁矩 μ_J 在外磁场方向上的投影为：

$$\mu_z = -mg\mu_B = \gamma P_z \tag{6-1-8}$$

既然总磁矩 $\boldsymbol{\mu}_J$ 的空间取向是量子化的，磁矩与外磁场 $\boldsymbol{B}$ 相互作用能也是不连续的，其相应的能量为：

$$E = -\boldsymbol{\mu}_J \cdot \boldsymbol{B} = -\gamma m\hbar B = -mg\mu_B B \tag{6-1-9}$$

不同量子数 m 所对应的状态上电子具有不同的能量，各能级是等距分裂的，相邻磁能级的能量差为：

$$\Delta E = \gamma\hbar B \tag{6-1-10}$$

3. 电子自旋共振

若在垂直于外磁场 $\boldsymbol{B}$ 的平面上施加一频率为 ν_1（角频率为 ω_1）的旋转磁场 $\boldsymbol{B}_1$，且 ν_1 或 ω_1 满足：

$$h\nu_1 = \gamma\hbar B = h\nu_0 \qquad \text{或} \qquad \omega_1 = \gamma B = \omega_0 \tag{6-1-11}$$

时，电子吸收 B_1 的能量，发生从低能级到高能级的共振跃迁，这就是电子自旋共振，ω_0 为共振角频率。从上述分析可知，这种共振跃迁现象只发生在原子的固有磁矩不为零的顺磁材料中，故也称为电子顺磁共振。

为了用示波器观测共振吸收信号，须对共振条件式（6-1-11）中的量进行扫描，使共振信号交替出现。观察磁共振信号有两种方法：扫场法，即旋转场 B_1 的频率 ω_1 固定，而让磁场外 B 随时间周期性变化以通过共振区域；扫频法，即保持外磁场 B 固定，让旋转磁场 B_1 的频率 ω_1 随时间周期性变化使之满足共振条件。该实验中，是沿永磁铁所形成的恒定均匀磁场 B_0 的方向上，加一个与之平行、幅度可调的扫描磁场 B_2，在扫描线圈中通以 50 Hz 交流电，即 $B_1(t) = B_m\sin(\omega t)$，其结果加在样品上的外磁场 $B(t) = B_0 + B_m\sin(\omega t)$。

示波器用内扫描时，当旋转磁场的角频率 ω_1 调节到 ω_0 附近，且 $B_0 - B_m \leqslant B \leqslant B_0 + B_m$ 时，磁场变化曲线在一周内能观察到两个共振吸收信号。当对应射频磁场频率发生共振的磁场 B 的值不等于稳恒磁场 B_0 时，出现间隔不等的共振吸收信号，如图 6-1-1(a) 所示。若间隔相等，则 $B = B_0$，信号相对位置与 B_m 的幅值无关，如图 6-1-1(b) 所示。改变 B 的大小或 B_1 的频率 ω_1，均可使共振吸收信号的相对位置发生变化，出现"相对走动"的现象。这也是区分共振信号和干扰信号的依据。

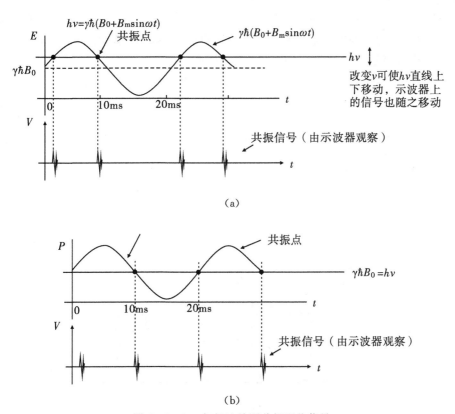

(a)

(b)

图 6-1-1　扫场法检测共振吸收信号

当示波器用外扫描时，即从扫场分出一路，通过移相器接到示波器的水平输入轴，作为外触发信号。当磁场扫描到共振点时，可在示波器上观察到如图 6-1-2 所示的两个形状对称的信号波形，它对应于磁场 B 一周内发生两次核磁共振，再细心地把波形调节到示波器荧光屏的中心位置并使两峰重合，此时共振频率和磁场满足 $\omega_0 = \gamma B_0$。

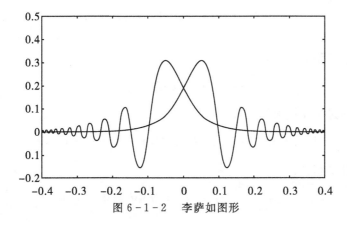

图 6-1-2　李萨如图形

4. 锁相放大器和计算机控制部分

为了提高信噪比，我们根据大型电子顺磁共振的工作原理引进锁相放大器。关于顺磁共振的基本原理详见 $ESR-I$ 电子顺磁共振说明书。以下介绍锁相放大器和计算机控制部分的工作原理。

现在已知输出信号 $I = I(B)$，可以按多项式展开

$$I = I(B_0) + I'(B_0)(B - B_0) + \frac{I''(B_0)\,(B - B_0)^2}{2!} + \frac{I'''(B_0)\,(B - B_0)^3}{3!} + \cdots$$

$$(6 - 1 - 12)$$

如果在缓慢变化的 B_0 上加上一余弦调制 $B = B_0 + B_s\cos(kt)$，式（6-1-2）变为：

$$I = I(B_0) + I'(B_0)B_s\cos(kt) + \frac{I''(B_0)B_s^2\cos^2(kt)}{2!} + \frac{I'''(B_0)B_s^3\cos^3(kt)}{3!} + \cdots$$

$$(6 - 1 - 13)$$

如图 6-1-3 所示。

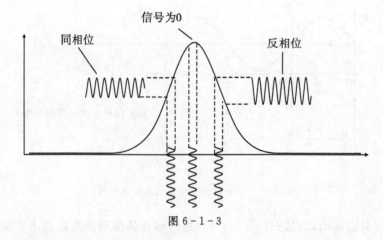

图 6-1-3

如果 B_s 较 0 小那么可以将高次项忽略不计

$$I = I(B_0) + I'(B_0)B_s\cos(kt) \tag{6-1-14}$$

因为噪音存在并且有可能远大于信号

$$I = I(B_0) + I'(B_0)B_s\cos(kt) + N(t) \tag{6-1-15}$$

式中，$N(t)$ 为噪音项。

根据富里叶变换积分公式：

$$\int_{-\infty}^{+\infty} \cos(at)\cos(bt)\mathrm{d}t = \delta(a - b) \tag{6-1-16}$$

可以将信号通过锁相放大器处理：

$$\int_{-\infty}^{+\infty} [I(B_0) + I'(B_0)B_s\cos(kt) + N(t)]\cos(kt)\mathrm{d}t$$

将以上各式分别积分：

$$\int_{-\infty}^{+\infty} [I(B_0)\cos(kt)\mathrm{d}t = 0$$

$$\int_{-\infty}^{+\infty} N(t)\cos(bt)\mathrm{d}t = 0$$

$$\int_{-\infty}^{+\infty} I'(B_0)\cos(kt)\cos(bt)\mathrm{d}t = I'(B_0) \cdot \infty$$

从而得到微分线形,如图 6-1-4 所示。

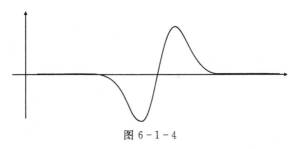

图 6-1-4

因为积分时间不可能是无穷大所以噪音不会是 0,信号也不会是无穷大。因此可以得出选区足够大的积分时间和足够高的频率即可大幅度提高信噪比。

实验样品选用自由基对苯基苦味酸基联氨 DPPH 固体粉末,分子式为 $(C_6H_5)_2N - NC_6H_2(NO_2)_3$,结构式如图 6-1-5。

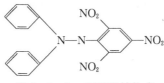

图 6-1-5　　DPPH 结构式

三、实验装置

微波传输部分的实物装配图如图 6-1-6 所示。

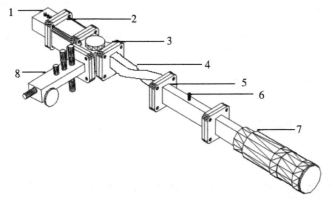

1—微波源;2—隔离器;3—环型器;4—扭波导;5—直波导;6—样品;7—短路活塞;8—检波器

图 6-1-6　　微波传输部分

系统的原理图如图 6-1-7 所示。

由微波传输部件把 X 波段的微波信号传输给谐振腔内的样品,样品处于恒定磁场中,在磁铁中由 50 Hz 交流电对磁场提供扫描,当满足共振条件时输出共振信号,信号由示波器直接检测。

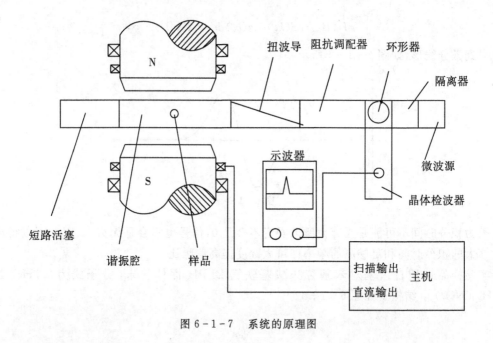

图 6-1-7 系统的原理图

仪器主机结构如图 6-1-8 所示。

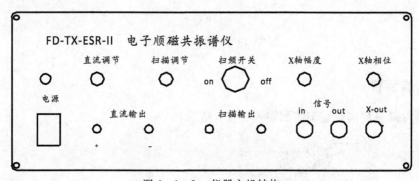

图 6-1-8 仪器主机结构

(1)直流输出：此输出端将会输出 0 ~ 600 mA 的电流,通过直流调节电位器来改变输出电流的大小。

(2)扫描输出：此输出端将会输出 0 ~ 1000 mA 的交流电流,其大小由扫描调节电位器来改变。

(3)扫频开关：用来改变扫描信号的频率。

(4)IN 与 OUT：此两个接头是一组放大器的输入和输出端,放大倍数为 10 倍,IN 端为放大器的输入端,OUT 端为放大器的输出端。

(5)X-out：此输出端为一组正弦波的输出端,X 轴幅度为正弦波的幅度调节电位器,X 轴相位为正弦波的相位调节电位器。

(6)仪器后面板上的五芯航空头为微波源的输入端。

四、实验步骤

1. 连线方法

(1) 通过连接线将主机上的"扫描输出"端连接到磁铁的一端。

(2) 将主机上的"直流输出"端连接在磁铁的另一端。

(3) 通过 Q9 连接线将检波器的"输出"连到示波器上。

2. 操作步骤

(1) 用示波器观察吸收或色散波形

① 将 DPPH 样品插在直波导上的小孔中。

② 打开电源,将示波器的输入通道打在直流(DC)挡上。

③ 调节检波器中的旋钮,使直流(DC)信号输出最大。

④ 调节端路活塞,再使直流(DC)信号输出最小。

⑤ 将示波器的输入通道打在交流(AC)挡上,幅度为 5 mV 挡。

⑥ 这时在示波器上就可以观察到共振信号,但此时的信号不一定为最强,可以再小范围的调节短路活塞与检波器,也可以调节样品在磁场中的位置(样品在磁场中心处为最佳状态),使信号达到一个最佳的状态。

⑦ 信号调出以后,关机,将阻抗匹配器接在环型器中的(II)端与扭波导中间,开机,通过调节阻抗匹配器上的旋钮,就可以观察到吸收或色散波形。

(2) 用计算机自校采样

① 先用通信连接线,将锁相放大器与计算机联接。

② 打开锁相放大器的电源,将采样／自校开关打在自校上。

③ 打开仪器的工作软件,点击运行按钮,即进行自校采样,如图 6-1-9 所示。

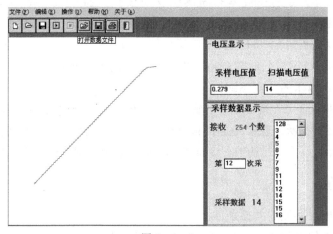

图 6-1-9

(3) 用计算机记录

① 将连接在主机上的"扫描输出"上的信号线换到锁相放大器上的"电流输出"端。

② 调节锁相放大器中的"电流调节"电位器,使输出到线圈上的电流约为 80 mA,将示波

器的幅度调节在最灵敏挡。

③ 锁相放大器上的"调制输出"接在高频线圈（在谐振腔的两侧）的输入端。

④ 调节锁相放大器上调制幅度为最大,输入/手调开关打在手调上,通过改变主机上的直流输出的大小,观察示波器,可以看到幅度为 $1 \sim 2$ mV 的正弦波,如没有发现,可能是锁相放大器上的电流方向接反了,此调节过程需要很细心地去调节。

⑤ 在示波器上出现正弦波后,将此信号送到锁相放大器上的 IN 端,再调节主机上的直流调节电位器,可以看到表针在中心点附近来回摆动。

⑥ 把灵敏度开关打到最灵敏挡(5 mV)上,把积分时间开关打在最短时间(10 ms)上,指针摆动的幅度最大,积分时间最短,信号看得最明显。

⑦ 将锁相放大器上的输入/手调开关打在输入上,点击软件上的运行按钮,即可看出实验采样到的数据与图形。

⑧ 实验数据采集完后,可对实验的数据及图形进行保存或打印。

五、思考题

1. 外磁场 B 和旋转磁场 B_1 是如何产生的?作用是什么?

2. 不加扫描电压能否观察到共振信号?

3. 能否用固定 B,改变 ν 的方法观察到共振信号,请说明理由。

6 - 2　脉冲核磁共振

1946 年,美国斯坦福大学的 F. 布络赫(Bloch 生于 1905 年)和哈佛大学的 E. M. 珀塞尔(Puccell 生于 1912 年)分别在液体和固体中发现核磁共振(Nuclear Magnetic Resonance, NMR) 现象,为此他们分享了 1952 年诺贝尔物理学奖。20 世纪 50 年代到 60 年代中期,主要是连续波(CW-NMR) 发展时期,^{1}H 谱得到广泛应用。1965 到 70 年代,引入并发展了脉冲傅里叶变换核磁共振(PFT-NMR),同时随着超导技术的发展出现了超导磁体谱仪。从 CW-NMR 到 PFT-NMR 是 NMR 技术的一次飞跃。

核磁共振就是指处于某个静磁场中的物质的原子核系统受到相应频率的电磁辐射时,在它们的磁能级之间发生的共振跃迁现象。它自问世以来已在物理、化学、生物、医学等方面获得广泛应用,是测定原子的核磁矩和研究核结构的直接而准确的方法,也是精确测量磁场的重要方法之一。

一、实验目的

(1) 了解脉冲核磁共振的共振条件。

(2) 了解脉宽与信号的关系(90°,180°,270°,360° 脉冲)。

(3) 了解自旋回波,利用自旋回波测量横向驰豫时间 T_2。

(4) 利用计算机记录,测量 T_2,做傅里叶变换(FFT)。

(＊5) 测量纵向驰豫时间 T_1。

(6) 测量二甲苯的化学位移间隔,了解谱仪的工作原理。

二、实验原理

脉冲核磁共振原理可从量子和经典两个角度阐明。

1. 量子力学观点

(1) 单个核的磁共振。通常将原子核的总磁矩 $\boldsymbol{\mu}$ 在其角动量 $\boldsymbol{P}$ 方向的投影 $\boldsymbol{\mu}$ 称为核磁矩。它们之间关系可写成。

$$\boldsymbol{\mu} = \gamma \boldsymbol{P} \tag{6-2-1}$$

对于质子,式中 $\gamma = \dfrac{g_N e}{2m_p}$ 称为旋磁比。其中 e 为质子电荷,m_p 为质子质量,g_N 为核的朗德因子。按照量子力学,原子核角动量的大小由下式决定:

$$P = \sqrt{I(I+1)}\,\hbar \tag{6-2-2}$$

式中,$\hbar$ 为约化普朗克常数,I 为核自旋量子数,对于氢核 $I = \dfrac{1}{2}$。

实验发现,只有自旋量子数 I 不为零的核的自旋运动才产生磁矩,原子核的自旋与核所包含的核子数及核电荷数有关。原子核可按 I 的数值分为以下三类:

① 中子数、质子数均为偶数,$I = 0$,如 ^{12}C,^{16}O,^{32}S(没有核磁共振现象)。

② 中子数与质子数其一为偶数, 另一为奇数, 则 I 为半整数($I = 1/2$; $3/2$),如 ^{1}H,^{13}C,^{15}N,^{19}F,^{31}P。

③ 中子数、质子数均为奇数,则 I 为整数,如 ^{2}H,^{14}N($I = 1$)。

原子核在外磁场 $\boldsymbol{B}$ 中,取坐标轴 z 方向为 $\boldsymbol{B}$ 的方向。核角动量在 $\boldsymbol{B}$ 方向的投影值由下式决定:

$$P_z = m\hbar \tag{6-2-3}$$

式中,m 为核的磁量子数,可取 $m = I, I-1, \cdots, -I$。对于氢核 $m = -\dfrac{1}{2}, \dfrac{1}{2}$。可见,粒子的磁矩就会和外磁场相互作用使粒子的能级产生分裂,分裂成 $2I+1$ 个能级。

核磁矩在 B 方向的投影值

$$\mu_Z = \gamma P_Z = g_N \frac{e}{2m_p} m\hbar = g_N \left(\frac{e\hbar}{2m_p}\right) m \tag{6-2-4}$$

将之写为

$$\mu_Z = g_N \mu_N m \tag{6-2-5}$$

式中,$\mu_N = \dfrac{e\hbar}{2m_p} = 5.050787 \times 10^{-27}$ J/T,称为核磁子,用作核磁矩的单位。磁矩为 $\boldsymbol{\mu}$ 的原子核在恒定磁场中具有势能

$$E = -\boldsymbol{\mu} \cdot \boldsymbol{B} = -\mu_z B = -g_N \mu_N m B \tag{6-2-6}$$

任何两个能级间能量差为

$$\Delta E = E_{m_1} - E_{m_2} = -g_N \mu_N B(m_1 - m_2) \tag{6-2-7}$$

根据量子力学选择定则,只有 $\Delta m = \pm 1$ 的两个能级之间才能发生跃迁,其能量差为

$$\Delta E = g_N \mu_N B \tag{6-2-8}$$

若用频率为 ν_1 的射频电磁波照射原子核,如果电磁波的能量 $h\nu_1$ 恰好等于原子核两能级能量差,即

$$h\nu_1 = g_N \mu_N B \tag{6-2-9}$$

则原子核就会吸收电磁波的能量,完成相邻能级的跃迁,这就是核磁共振吸收现象。式(6-2-9)为核磁共振条件。为使用上的方便,常把它写为:

$$\nu_1 = (\frac{g_N\mu_N}{h})B = \nu_0 \text{ 或 } \omega_1 = \gamma B = \omega_0 \tag{6-2-10}$$

式(6-2-10)为本实验的理论公式,这就是磁场与射频频率的共振条件,ω_0为共振角频率。对于氢核,$\gamma_H = 2.67522 \times 10^2 \text{ MHz/T}$。

(2)核磁共振信号强度。实验所用样品为大量同类核的集合。由于低能级上的核数目比高能级上的核数目略微多些,但低能级上参与核磁共振吸收未被共振辐射抵消的核数目很少,所以核磁共振信号非常微弱。

推导可知,T越低,B越高,则共振信号越强。因而核磁共振实验要求磁场强些。

另外,还需磁场在样品范围内高度均匀,若磁场不均匀,则信号被噪声所淹没,难以观察到核磁共振信号。

2. 经典理论观点

(1)单个核的拉摩尔进动。具有磁矩μ的原子核放在恒定磁场B_0中,设核角动量为P,则由经典理论可知:

$$\frac{d\boldsymbol{P}}{dt} = \boldsymbol{\mu} \times \boldsymbol{B}_0 \tag{6-2-11}$$

将(6-2-1)式代入(6-2-11)式得

$$\frac{d\boldsymbol{\mu}}{dt} = \gamma(\boldsymbol{\mu} \times \boldsymbol{B}_0) \tag{6-2-12}$$

由推导可知核磁矩$\boldsymbol{\mu}$在静磁场B_0中的运动特点为:

① 围绕外磁场B_0做进动,进动角频率$\omega_0 = \gamma B_0$,跟μ和B_0间夹角θ无关。

② 它在xy平面上的投影$\mu_\perp$是一常数。

③ 它在外磁场B_0方向上的投影μ_z为常数。

如果在与B_0垂直方向上加一个旋转的射频磁场B_1,且$B_1 \ll B_0$,设B_1的角频率为ω_1,当$\omega_1 = \omega_0$时,则旋转磁场B_1与进动着的核磁矩μ在运动中总是同步。可设想建立一个旋转坐标系$x'y'z'$,其z'与固定坐标系xyz的z轴重合,x'与y'以角速度ω_1绕z轴旋转。则从旋转坐标系来看,B_1对μ的作用恰似恒定磁场,它必然要产生一个附加转矩。因此μ也要绕B_1作进动,使μ与B_0间夹角θ发生变化。由核磁矩的势能公式:

$$\boldsymbol{E} = -\boldsymbol{\mu} \cdot \boldsymbol{B}_0 = -\mu B_0 \cos\theta \tag{6-2-13}$$

可知,θ的变化意味着磁势能E的变化。这个改变是以所加旋转磁场的能量变化为代价的。即当θ增加时,核要从外磁场B_1中吸收能量,这就是核磁共振现象。共振条件是:

$$\omega_1 = \omega_0 = \gamma B_0 \tag{6-2-14}$$

这一结论与量子力学得出的结论一致。

如果外磁场B_1的旋转速度$\omega_1 \neq \omega_0$,则θ角变化不显著,平均起来变化为零,观察不到核磁共振信号。

(2)布洛赫方程。上面讨论的是单个核的核磁共振,但实验中观察到的现象是样品中磁化强度矢量$\boldsymbol{M}$变化的反映,$\boldsymbol{M} = \sum_i \boldsymbol{\mu}_i$。

在核磁共振时,有两个过程同时起作用,一是受激跃迁,核磁矩系统吸收电磁波能量,其效果是使上下能级的粒子数趋于相等;一是弛豫过程,核磁矩系统把能量传与晶格,其效果是使粒子数趋向于热平衡分布。这两个过程达到一个动态平衡,于是粒子差数稳定在某一新的数值上,我们可以连续地观察到稳态的吸收。

现在首先研究磁场 $\boldsymbol{B}_0$ 对磁化强度矢量的作用。由式(6-2-12)可得:

$$\frac{\mathrm{d}\boldsymbol{M}}{\mathrm{d}t} = \gamma(\boldsymbol{M} \times \boldsymbol{B}_0) \tag{6-2-15}$$

可导出 M 围绕 B_0 作进动,进动角频率 $\omega_0 = \gamma B_0$。

其分量式为

$$\frac{\mathrm{d}M_x}{\mathrm{d}t} = \gamma(B_y M_z - B_z M_y)$$

$$\frac{\mathrm{d}M_y}{\mathrm{d}t} = \gamma(B_z M_x - B_x M_z) \tag{6-2-16}$$

$$\frac{\mathrm{d}M_z}{\mathrm{d}t} = \gamma(B_x M_y - B_y M_x)$$

式(6-2-15)、式(6-2-16)称为 Bloch 方程。

(3) 弛豫。其次考虑弛豫对 $\boldsymbol{M}$ 的影响。核磁矩系统吸收了旋转磁场的能量后,处于高能态的核数目增大,偏离了热平衡态。由于自旋与晶格的相互作用,使得自旋无辐射的情况下按 $\exp(-\frac{t}{T_1})$ 由高能级跃迁至低能级,T_1 称为纵向弛豫时间。

此外,核自旋与核自旋之间相互作用,使得自发辐射信号按 $\exp(-\frac{t}{T_2})$ 衰减,T_2 称之为横向弛豫时间。

同时考虑磁场 $\boldsymbol{B} = \boldsymbol{B}_0 + \boldsymbol{B}_1$ 和弛豫过程对磁化强度 $\boldsymbol{M}$ 的作用,Bloch 方程改为

$$\frac{\mathrm{d}\boldsymbol{M}}{\mathrm{d}t} = \gamma\boldsymbol{M} \times \boldsymbol{B} - \frac{1}{T_2}(M_x\boldsymbol{i} + M_y\boldsymbol{j}) - \frac{1}{T_1}(M_z - M_0)\boldsymbol{k} \tag{6-2-17}$$

当旋转磁场 $\boldsymbol{B}_1$ 以角频率 $\omega = \gamma B$ 加在样品上,则 $\boldsymbol{B}_1$ 在坐标轴的投影为:

$$B_x = B_1\cos(\omega t)$$
$$B_y = B_1\sin(\omega t) \tag{6-2-18}$$

其中 $\boldsymbol{B} = \boldsymbol{i}B_1\cos\omega t - \boldsymbol{j}B_1\sin\omega t + \boldsymbol{k}B_0$。Bloch 方程的分量式为:

$$\left.\begin{array}{l} \dfrac{\mathrm{d}M_x}{\mathrm{d}t} = \gamma(M_y B_0 + M_z B_1\sin\omega t) - \dfrac{M_x}{T_2} \\[2mm] \dfrac{\mathrm{d}M_y}{\mathrm{d}t} = \gamma(M_z B_1\cos\omega t - M_x B_0) - \dfrac{M_y}{T_2} \\[2mm] \dfrac{\mathrm{d}M_z}{\mathrm{d}t} = -\gamma(M_x B_1\sin\omega t + M_y B_1\cos\omega t) - \dfrac{1}{T_1}(M_z - M_0) \end{array}\right\} \tag{6-2-19}$$

如果脉冲作用时间远小于弛豫时间,上式可得到:

$$M_x = c\cos(\omega_0 t) - a\sin(\gamma B_1 t + \varphi_0)\sin(\omega_0 t)$$
$$M_y = a\sin(\gamma B_1 t + \varphi_0)\cos(\omega_0 t) + c\sin(\omega_0 t) \tag{6-2-20}$$
$$M_z = a\cos(\gamma B_1 t + \varphi_0)$$

其中 $a^2 + c^2 = |u|^2$。

(4) 核磁共振时的色散信号和吸收信号。建立旋转坐标系 x', y', z',B_1 与 x' 重合,$\boldsymbol{M}_\perp$ 为

M 在 xy 平面内的分量，u 和 $-v$ 分别为 $M_\perp$ 在 x' 和 y' 方向上的分量，推导可知 M_z 的变化是 v 的函数而非 u 的函数，而 M_z 的变化表示核磁化强度矢量的能量变化，所以 v 变化反映了系统能量的变化。如果磁场或频率的变化十分缓慢，可得 Bloch 方程的稳态解：

$$\left.\begin{aligned} u &= \frac{\gamma B_1 T_2^2 (\omega_0 - \omega_1) M_0}{1 + T_2^2 (\omega_0 - \omega_1)^2 + \gamma^2 B_1^2 T_1 T_2} \\ v &= -\frac{\gamma B_1 M_0 T_2}{1 + T_2^2 (\omega_0 - \omega_1)^2 + \gamma^2 B_1^2 T_1 T_2} \\ M_z &= \frac{[1 + T_2^2 (\omega_0 - \omega_1)] M_0}{1 + T_2^2 (\omega_0 - \omega_1)^2 + \gamma^2 B_1^2 T_1 T_2} \end{aligned}\right\} \tag{6-2-21}$$

则可得 u，v 随 ω_1 变化的函数关系曲线，如图 6-2-1 所示，(a) 称为色散信号，(b) 称为吸收信号。可知当外加旋转磁场 B_1 的角频率 ω_1 等于 M 在磁场 B_0 中进动的角频率 ω_0 时，吸收信号最强，即出现共振吸收。

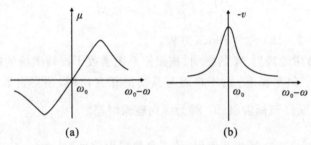

图 6-2-1　核磁共振时的色散信号和吸收信号

此外，在做核磁共振实验时，观察到的共振信号出现"尾波"，这是由于频率调制速度太快，不满足布洛赫方程稳态解的条件，所以必须严格解 Bloch 方程，如图 6-2-2 所示为 Bloch 方程的瞬态解。

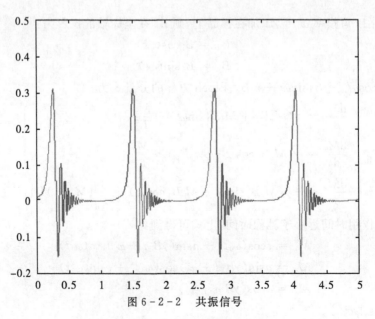

图 6-2-2　共振信号

　　观察核磁共振信号有两种方法:扫场法,即旋转场 B_1 的频率 ω_1 固定,而让磁场外 B 随时间周期性变化以通过共振区域;扫频法,即保持外磁场 B 固定,让旋转磁场 B_1 的频率 ω_1 随时间周期性变化使之满足共振条件。

3. 脉冲核磁共振的捕捉范围

　　脉冲核磁共振具有时间短而功率大的脉冲,根据傅里叶变换具备很宽的频谱,如式(6-2-22)和图 6-2-3 所示。

$$I(v) = 2AT_0 \frac{\sin\left[T_0 2\pi(v - v_0)\right]}{T_0 2\pi(v - v_0)} \tag{6-2-22}$$

式中,T_0 是脉冲宽度,A 是脉冲幅度,v_0 是射频脉冲频率。所以只要有足够短的脉冲就具有大的捕捉范围(如果脉冲宽度为 1 ms 捕捉范围为 ± 5 kHz,脉冲宽度为 1 μs 捕捉范围为 ± 5 MHz),同时对测量无任何影响,这是连续核磁共振无法达到的,也是脉冲核磁共振广泛应用的原因。

　　调节过程中可以清晰地观察到信号如图 6-2-3 所示或式(6-2-22)由弱反复起落多次后达到最强。

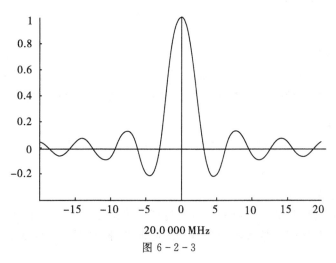

20.0 000 MHz

图 6-2-3

图中横坐标表示 $(v - v_0)$,0 处是射频脉冲射频频率 $20,000,000$ Hz

三、实验装置

如图 6-2-4 为脉冲核磁共振实验的原理图。

1. 磁场

磁场由励磁电源激励电磁铁产生,保证了磁场从 0 到几千高斯范围内连续可调,以改变磁场强度至共振频率。

2. 扫场

本实验采用的是固定频率,调节磁场强度(间接调节频率)至共振条件。为了提高磁场的均匀性,"PNMR-II脉冲核磁共振谱仪"采用了匀场系统,即用匀场线圈电源的"I_0 调节"来达到调节 B 的目的。

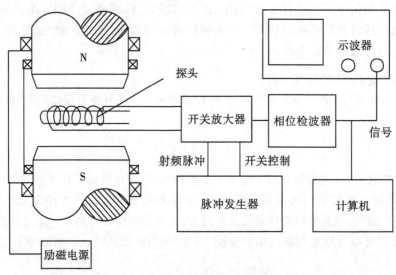

图 6 - 2 - 4　　脉冲核磁共振实验的原理图

3. 脉冲发生器

产生脉冲序列同时调制射频信号得到射频脉冲。当调试时信号过小或调试无太大把握时为了调节匹配需要,"射频发生器"提供与共振信号频率相同的模拟共振信号。

4. 开关放大器

将大功率射频脉冲加至探头,当脉冲结束后关闭脉冲通道。打开信号通道将来自探头的自由衰减信号放大 300 倍。

5. 变频放大器

又称为相位检波器,将 20 MHz 的信号通过混频将信号频率降低至 $100 \sim 20$ kHz 以便于示波器观察计算机记录。变频放大器内具有带通滤波器,同时可以大幅度提高信噪比。

四、实验步骤

1. 信号调节

(1) 按说明书连接好仪器,信号传递如下:

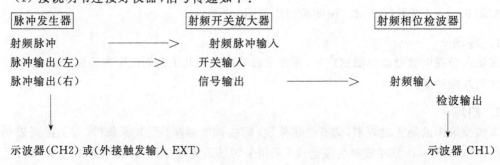

（2）将示波器置 AC 档，调节"电平"至脉冲同步，并把电压增益拔至 0.1 V，时间增益拔至 2 或 5 ms 挡。

（3）将 1% 硫酸铜溶液的离心管放入探头中，将"脉冲发生器"的第一、二脉冲宽度拔段开关打至 1 ms 挡；重复时间打至 1 s 挡；脉冲的重复时间电位器及脉冲间隔电位器旋至最大。将"射频相位检波器"的增益拔段开关打至 5 mV 挡（即最灵敏档）。

（4）通电后调试，当调节 I_0 时由零调至最大，若无信号时可能电流方向接反，改变"匀场线圈电源"上的'电流换向开关'，电流方向改变，此时再调节便可得到共振信号。

（5）计算机记录。由"开关放大器"得到的信号频率是与射频脉冲相接近的 20 MHz，它的精确频率是磁铁磁场强度乘上旋磁比 $\nu = \gamma B_0$。计算机难以对 20 MHz 频率进行数－模转换和记录。为了达到计算机记录的目的，我们采用相位检波方法降低信号的频率。工作原理如下：

由"开关放大器"放大的信号 $u(t) = A(t)\cos(2\pi\nu t)$ 经过滤波器滤除不必要的噪声。相位检波器内有 20.0050 MHz 的等幅度射频信号源，将与等幅度射频信号与经过滤波器的共振信号相乘后经低通滤波器后得到共振信号的差频：$U(t) = A(t)\cos(2\pi\nu t - 2\pi\nu_B t)$。差频信号可以调整到小于 20 kHz，正好在声卡的记录范围内。在调节磁场强度过程中可以观察到镜频现象，所以射频脉冲的频率与相位检波等幅度射频的频率不同。

2. 观察脉冲宽度与信号的关系

根据爱因斯坦辐射跃迁理论，脉冲核磁共振过程分为：

（1）加载脉冲时为受激吸收过程。

（2）自由衰减时为自发辐射。

（3）在加载脉冲时还会出现受激辐射现象。

加载脉冲时到底是受激吸收还是受激辐射，取决于脉冲宽度。根据 $\theta = \gamma B_1 T_0$。（B_1 为射频脉冲磁场幅度，T_0 为脉冲宽度，γ 为原子核旋磁比）

当 $\theta = 90°$ 时：上能级与下能级之间布居数相等，同时原子核磁矩与辐射场耦合系数最大，得到最大的共振信号。全过程处于受激吸收。

当 $\theta = 180°$ 时：原子核全部跃迁至上能级，同时原子核磁矩与辐射场耦合系数最小，得到最小的共振信号。全过程处于受激吸收。

当 $\theta > 180°$ 时：原子核开始由上能级跃迁至下能级，出现受激辐射。

当 $\theta = 270°$ 时：上能级与下能级之间布居数相等，同时原子核磁矩与辐射场耦合系数最大，得到最大的共振信号。过程中后期处于受激辐射。

当 $\theta = 360°$ 时：原子核全部跃迁至下能级，同时原子核磁矩与辐射场耦合系数最小，得到最小的共振信号。过程中前半部分处于受激吸收，后半部分处于受激辐射。

实验中调节脉冲宽度，观察自由衰减信号的幅度与脉冲宽度的关系，可以得到以上结论同时可以测出 B_1 的大小。

3. 90°脉冲观察自由衰减过程

在共振条件下（$\nu = \gamma B_0$）观察第一脉冲，调节磁场至信号最大。先将第一脉冲宽度调至 0，信号应为 0。逐渐加大 t_1 至信号最大即 90°脉冲。注意：信号随磁场的关系为 $I = \dfrac{\sin\left(\dfrac{B - B_0}{P}\right)}{\left(\dfrac{B - B_0}{P}\right)}$（$P$ 为与功率有关的系数），所以信号随磁场的变化是经过几次峰谷值后达到最大。信号随 t_1 的关系为 $I = \sin(t_1 \cdot P)$,当 $t_1 P = \pi$ 时称为90°脉冲,信号最大。当 $t_1 P = 2\pi$ 时称为180°脉冲,信号最小。实验中调节脉冲宽度观察自由衰减信号的幅度与脉冲宽度的关系,可以得到以上结论,同时可以测出 B_1 的大小。如图 6-2-5 所示。

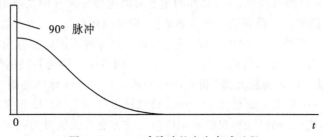

图 6-2-5 90°脉冲的自由衰减过程

4. 90° ～ 180°(自旋回波法)测 T_2

(1)在自由衰减观察成功的基础上(即第1脉冲调至90°脉冲自由衰减最大),调节第二脉冲宽度 t_2 至180°脉冲,这时 $t_2 = 2t_1$,即可观察到自旋回波(粗调时重复时间旋至最大,脉冲间隔 20 ms 左右,样品采用 0.1% 硫酸铜溶液或水)。调节 I_0 至自旋回波最大,调节第1脉冲至自旋回波信号最大,调节第2脉冲至自旋回波信号最大。

(2)改变脉冲间隔时间 τ 即可得到 T_2 的指数衰减关系,其工作时序图如图 6-2-6 所示。

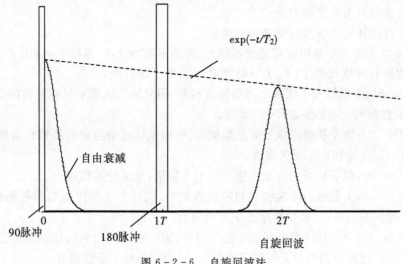

图 6-2-6 自旋回波法

* 5. 180° ～ 90° 测量 T_1(反转恢复法)

样品在基态经过 180° 脉冲后跃迁至激发态,在由激发态驰豫向基态驰豫过程可以用以下公式表达:

$$M_x = f(t)\cos(\omega_0 t + \varphi), \quad M_y = 0, \quad M_z = 1 - 2\exp(-\frac{t}{T_1}) \qquad (6-2-23)$$

然后经过 τ 时刻再加90°脉冲。根据公式(6-2-20)得

$$M_x = -\left(1 - 2\exp\left(-\frac{\tau}{T_1}\right)\right)\sin(\omega_0 t)$$

$$M_y = \left(1 - 2\exp\left(-\frac{\tau}{T_1}\right)\right)\cos(\omega_0 t) \qquad (6-2-24)$$

$$M_z = 0$$

由式(6-2-24)可以看出:在 $\tau < T_1/\ln 2$ 时信号与射频脉冲的相位相反,在 $\tau > T_1/\ln 2$ 时信号与射频相脉位相同,在 $\tau = T_1/\ln 2$ 时信号为零。所以可以通过测出零信号时的 τ 即可得到 T_1,如图 6-2-7 所示。

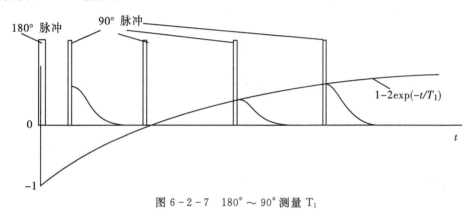

图 6-2-7 $180° \sim 90°$ 测量 T_1

*6. $90° \sim 90°$ 测量 T_1(饱和恢复法)

样品在基态经过90°脉冲后跃迁至激发态,再由激发态驰豫向基态驰豫过程。

$$M_x = f(t)\sin(\omega_0 t + \varphi_0)$$

可以用以下公式表达: $\quad M_y = f(t)\cos(\omega_0 t + \varphi_0) \qquad (6-2-25)$

$$M_z = 1 - \exp\left(-\frac{t}{T_1}\right)$$

然后经过 τ 时刻再加90°脉冲。根据公式(6-2-20)得:

$$M_x = -\left(1 - \exp\left(-\frac{\tau}{T_1}\right)\right)\sin(\omega_0 t)$$

$$M_y = \left(1 - \exp\left(-\frac{\tau}{T_1}\right)\right)\cos(\omega_0 t) \qquad (6-2-26)$$

$$M_z = 0$$

由式(6-2-26)可看出:第二脉冲随 τ 的增加信号强度按 $1 - \exp\left(-\frac{\tau}{T_1}\right)$ 增加,如图 6-2-8 所示。

7. 测量二甲苯的化学位移间隔,了解谱仪的工作原理

将样品改为二甲苯,二甲苯具有甲基和苯基,它们具有不同的化学位移:甲基化学位移(相对 TMS)约为 -1 ppm;苯基化学位移(相对 TMS)为 -6 ppm(1 ppm$=1\times10^{-6}$)。在主频率为 20 MHz 以下它们频率之差为 $(6-1)$ ppm$\times 20$ MHz$=100$ Hz。样品二甲苯经 FFT 得到的谱图,用鼠标选区得出频率之差与理论值 100 Hz 进行比较。我们也可以更换样品测量酒精、乙醚等其它含氢液体。

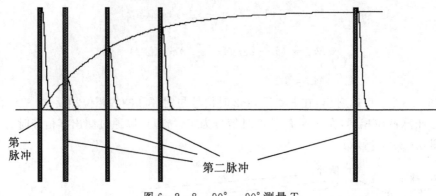

图 6-2-8   90°~90°测量 T_1

注意:因为二甲苯驰豫时间长,所以"重复时间"和"脉冲间隔"应放在 10 s 挡,并且旋至最大。

注意:镜频现象的消除,调节磁场至信号最大即可避免镜频现象(共振频率等于射频脉冲频率)。

三、思考题

1. 什么叫核磁共振?
2. 从量子力学角度推导满足核磁共振条件的公式。
3. 核磁共振中有哪两个过程同时起作用?
4. 观察核磁共振信号有哪两种方法?并解释之。
5. 怎样利用核磁共振测量磁场强度?
6. 布洛赫方程的稳态解是在何种条件下得到的?

第 7 章

低温和固体物理实验

7-1 变温霍尔效应

霍尔效应是导电材料中的电流与磁场相互作用而产生电动势的效应。1879 年美国霍普金斯大学研究生霍尔在研究金属导电机理时发现了这种电磁现象,故称霍尔效应。后来曾有人利用霍尔效应制成测量磁场的磁传感器,但因金属的霍尔效应太弱而未能得到实际应用。随着半导体材料和制造工艺的发展,人们又利用半导体材料制成霍尔元件,由于它的霍尔效应显著、结构简单、形小体轻、无触点、频带宽、动态特性好、寿命长,因而被广泛应用于自动化技术、检测技术、传感器技术及信息处理等方面。在电流体中的霍尔效应也是目前在研究中的"磁流体发电"的理论基础。近年来,霍尔效应实验不断有新发现。1980 年冯·克利青研究二维电子气系统的输运特性,在低温和强磁场下发现了量子霍尔效应,这是凝聚态物理领域最重要的发现之一。目前对量子霍尔效应正在进行深入研究,并取得了重要应用,例如用于确定电阻的自然基准,可以极为精确地测量光谱精细结构常数等。

在磁场、磁路等磁现象的研究和应用中,霍尔效应及其元件是不可缺少的,利用它观测磁场直观、干扰小、灵敏度高、效果明显。霍尔效应也是研究半导体性能的基本方法,通过霍尔效应实验所测定的霍尔系数,能够判断半导体材料的导电类型,载流子浓度及载流子迁移率等重要参数。所以霍尔效应是半导体材料研制工作中常备测试方法。在本实验中,采用范德堡测试方法,测量样品霍尔系数随温度的变化。

一、实验目的

(1)了解霍尔效应的产生原理及副效应的产生原理和消除方法。

(2)测量不同温度下材料的霍尔系数、电导率和霍尔迁移率。

(3)观测载流子类型、变温下载流子类型转变,测量载流子浓度、载流子类型转变的临界温度。

二、实验原理

1. 霍耳效应

霍耳效应从本质上讲是运动的带电粒子在磁场中受洛伦兹力作用而引起的偏转。当带电粒子(电子或空穴)被约束在固体材料中,这种偏转就导致在垂直电流和磁场方向上产生正负电荷的聚积,从而形成附加的横向电场,即霍耳电场 E_H。如图 7-1-1 所示的半导体试样,若

在 x 方向通以电流 I_s，在 z 方向加磁场 B，则在 y 方向即试样 $A-A'$ 电极两侧就开始聚集异号电荷而产生相应的附加电场。电场的指向取决于试样的导电类型。对图 $7-1-1(a)$ 所示的 N 型试样，霍耳电场逆 y 方向，图 $7-1-1(b)$ 所示的 P 型试样则沿 y 方向。即有：

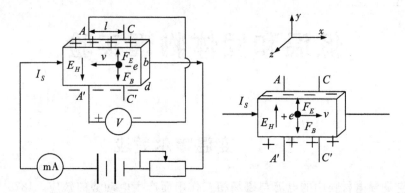

(a)载流子为电子(N 型)　　　　　(b)载流子为空穴(P 型)

图 $7-1-1$　霍耳效应实验原理示意图

$$E_H(Y)<0 \quad \Rightarrow (\text{N 型})$$

$$E_H(Y)>0 \quad \Rightarrow (\text{P 型})$$

显然，霍耳电场 E_H 是阻止载流子继续向侧面偏移，当载流子所受的横向电场力 eE_H 与洛仑兹力 $e\bar{v}B$ 相等，样品两侧电荷的积累就达到动态平衡，故有：

$$eE_H = e\bar{v}B \tag{7-1-1}$$

式中，E_H 为霍耳电场；$\bar{v}$ 是载流子在电流方向上的平均漂移速度。

设试样的宽为 b，厚度为 d，载流子浓度为 n，则：

$$I_s = ne\bar{v}bd \tag{7-1-2}$$

由式 $(7-1-1)$、式 $(7-1-2)$ 可得：

$$V_H = E_H b = \frac{1}{ne}\frac{I_s B}{d} = R_H \frac{I_s B}{d} \tag{7-1-3}$$

即霍耳电压 $V_H(A, A'$ 电极之间的电压)与 $I_s B$ 乘积成正比与试样厚度 d 成反比。比例系数 $R_H = \frac{1}{ne}$ 称为霍耳系数，它是反映材料霍耳效应强弱的重要参数。只要测出 V_H 以及知道 I_s，B 和 d 可按下式计算 R_H

$$R_H = \frac{V_H d}{IB} \tag{7-1-4}$$

式中，V_H 是霍尔电压，单位为 V；d 是样品厚度，单位为 m；I 是通过样品的电流，单位为 A；B 是磁通密度，单位为 Wb/m^2；霍尔系数的单位是：m^3/C。

对于单一载流子导电的情况：由 R_H 求载流子浓度 n，即 $n = \frac{1}{|R_H|e}$。应该指出，这个关系式是假定所有载流子都具有相同的漂移速度得到的，严格一点，如果考虑载流子的速度统计分布，需引入 $\frac{3\pi}{8}$ 的修正因子(可参阅黄昆、谢希德著《半导体物理学》)。

载流子浓度为
$$n = \frac{10^{19}}{1.6R_H}\ (\mathrm{m}^{-3})$$

2. 电阻率

标准样品的电阻率

$$\rho = \frac{dwV_\sigma}{IL}\ (\Omega \cdot \mathrm{m}) \tag{7-1-5}$$

式中,V_σ 为电导电压(正反向电流后测得的平均值),单位为 V;d 是样品厚度,单位为 m;w 是样品宽度,单位为 m;L 是样品电位引线 N 和 C 之间的距离,单位为 m;而 I 是通过样品的电流,单位为 A。

对范德堡样品:

$$\begin{aligned}
\rho &= \frac{\pi d}{2f\ln 2}(R_{mp.on} + R_{mn.op}) \\
&= \frac{\pi d}{4If\ln 2}(|V_{M1}| + |V_{M2}| + |V_{N1}| + |V_{N2}|)
\end{aligned} \tag{7-1-6}$$

式中:I 为通过样品的电流(假设在测量过程中使用了同样的样品电流);f 为形状因子,对对称的样品引线分布,$f \approx 1$。

3. 霍耳系数 R_H 与电阻率 ρ 的关系

根据 R_H 可进一步确定以下参数:

(1)由 R_H 的符号(或霍耳电压的正负)判断样品的导电类型。判别的方法是按图 7-1-1 所示的 I_S 和 B 的方向,若测得的 $V_H = V_{AA} < 0$,即点 A 电位高于点 A' 的电位,则 R_H 为负,样品属 N 型;反之则为 P 型。

(3)结合电阻率的测量,求载流子的迁移率 μ。电阻率 ρ 与载流子浓度 n 以及迁移率 μ 之间有如下关系:

$$\frac{1}{\rho} = ne\mu \tag{7-1-7}$$

即 $\mu = \dfrac{|R_H|}{\rho}$,测出 ρ 值即可求 μ。

4. 霍耳效应与材料性能的关系

根据上述可知,要得到大的霍耳电压,关键是要选择霍耳系数大(即迁移率高、电阻率 ρ 亦较高)的材料。因 $|R_H| = \mu\rho$,就金属导体而言,μ 和 ρ 均很低,而不良导体 ρ 虽高,但 μ 极小,因而上述两种材料的霍耳系数都很小,不能用来制造霍耳器件。半导体 μ 高,ρ 适中,是制造霍耳元件较理想的材料,由于电子的迁移率比空穴迁移率大,所以霍耳元件多采用 N 型材料,其次霍耳电压的大小与材料的厚度成反比,因此薄膜型的霍耳元件的输出电压较片状要高得多。就霍耳器件而言,其厚度是一定的,所以实用上采用 $K_H = \dfrac{1}{ned}$ 来表示器件的灵敏度,K_H 称为霍耳灵敏度,单位为 mV/(mA·T) 或 mV/(mA·kGs)。

5. 霍耳电压 V_H 的测量方法

值得注意的是,在产生霍耳效应的同时,因伴随着各种副效应,以致实验测得的 A,A' 两极间的电压并不等于真实的霍耳电压 V_H 值,而是包含着各种副效应所引起的附加电压,因此必须设法消除。根据副效应产生的机理(参阅附录)可知,采用电流和磁场换向的对称测量法,基本上能把副效应的影响从测量结果中消除。即在规定了电流和磁场正、反方向后,分别测量由下列四组不同方向的 I_S 和 B 组合的 $V_{A'A}(A',A$ 两点的电位差)即:

$$+B,+I_S \qquad V_{AA}=V_1$$
$$-B,+I_S \qquad V_{AA}=V_2$$
$$-B,-I_S \qquad V_{AA}=V_3$$
$$+B,-I_S \qquad V_{AA}=V_4$$

然后求 V_1,V_2,V_3 和 V_4 的代数平均值

$$|V_H| = \frac{1}{4}(|V_1|+|V_2|+|V_3|+|V_4|)$$

通过上述的测量方法,虽然还不能消除所有的副效应,但其引入的误差不大,可以略而不计。

不同温度下材料的霍尔系数、载流子浓度、载流子的迁移率 μ 不同,材料的导电类型也会转变。

三、实验步骤

(1)查看样品(由于出厂时样品已经放好,故不需装入样品):按下热开关,打开卡箍,即可取出样品。查看完后,放回样品。

(2)对恒温器抽真空。

(3)按照仪器说明书接线图接好线路。

(4)检查确定接线正确后开机设定恒温器温度。

(5)在室温下测量:在磁场正反向、电流正反向的情况下分别测量并记录下 V_H;将样品移出磁场之外,在电流正反向的情况下分别测量并记录下 V_M,V_N。

(6)向杜瓦瓶里加灌液氮。

(7)等到样品温度稳定时,开始记录数据:在磁场正反向、电流正反向的情况下分别测量并记录下 V_H;将样品移出磁场之外,在电流正反向的情况下分别测量并记录下 V_M,V_N。

(8)改变设定温度,等到样品温度稳定后,重复步骤7,从液氮温度到室温之间选定若干个实验点,测量并记录下数据。

四、数据处理

设计实验数据表格并记录所测量数据。

样品号:S_2(范得堡样品)锑化铟样品参数:样品厚度:1.11 mm,磁场强度:0.457 T,电流强度:50 mA。

利用计算机软件处理原始数据和作图,通过数据分析,总结实验结论。

五、预习要求

上网查阅和实验内容有关的参考资料,了解和实验内容相关的知识、实验方法以及学习和数据处理有关的计算机软件如:Origin,Mathematica,Excel,Matlab 等。

六、注意事项

(1)检查并保证仪器电路接地正常。

(2)湿手不能触及过冷表面、液氮漏斗,防止皮肤冻粘在深冷表面上,造成严重冻伤! 灌液氮时应带厚棉手套。如果发生冻伤,请立即用大量自来水冲洗,并按烫伤处理伤口。

(3)实验完毕,一定要拧松、提起中心杆,防止中心白色的聚四氟乙烯塞子因热膨胀胀坏恒温器。

七、思考题

1. 除了经济上的考虑,为什么不选用更多位数的电压表?

2. 增强测试磁场会有什么效果?

3. 对混合导电材料,用什么方法可区分出电子和空穴的迁移率?

4. 量子霍尔效应是霍尔效应吗?

附录　霍尔效应实验中的副效应

霍尔效应实验中主要的副效应有:

(1)厄廷好森效应。由于半导体内载流子的速度不相等,慢载流子将比快载流子受到较大的偏转。而慢载流子的能量比快载流子的能量小,因而它们偏向的那边比对边冷些[见图 7-1-2(b)]。霍尔电极(金属)的材料与霍尔片(半导体)的不同,因此两极间产生温差电动势,并叠加在霍尔电位差上。如同霍尔效应一样,由此产生的电位差 V_E 与磁场 B、电流 I 的方向都有关系,不能与霍尔电位差分开。

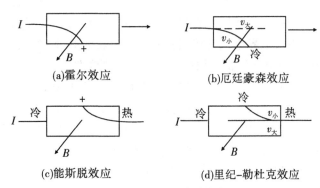

图 7-1-2　几种副效应

(2)能斯脱效应。由于霍尔片的两端与电极的接触电阻不同,横向通电流以后在霍尔片两端产生的焦耳热也不同。受热的影响而扩散的载流子会受到磁场的作用而偏转,并在霍尔片上、下两侧产生电位差 V_N,如图 7-1-2(c)所示。这个效应和霍尔效应相似,但横向载流子的运动不是由于横向电流,而是由于横向热流造成的,因此与电流方向无关。所以 V_N 正负端位置只与磁场 B 的方向有关。

(3)里纪-勒杜克效应。在能斯脱效应的基础上,热扩散载流子的速率并不相同,于是又如同厄廷好森效应那样,慢载流子受磁场偏转的那边冷些,这样又产生温差电动势,如图7-1-2

(d)所示。由此在霍尔片上、下两侧产生的电位差 V_B 也只与磁场 B 的方向有关。

　　(4)不等位电位差。电流通过霍尔片时,霍尔片中电场的等位面分布如图 7-1-3 中虚线所示。由于霍尔片上、下两侧电极很难做到在同一等位面上(见图 7-1-3(b)),因而霍尔片上、下两侧的电位不相等,有电位差 V_0 出现,在测量霍尔电位差时,V_0 叠加在它上面。不等电位差只与电流的方向有关,与磁场 B 的方向无关。

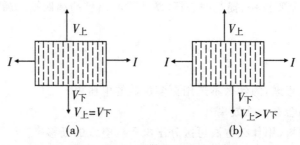

图 7-1-3　不等位电位差示意

　　以上各种副效应与电流 I 或磁场 B 的方向有关。在测量时,改变 I 或 B 的方向,将各次测得的上、下两电极间的电位差取平均值,就可以消除副效应的影响。

7-2　扫描隧道显微镜

　　1982 年,瑞士苏黎士 IBM 实验室的葛·宾尼(G. Binning)和海·罗雷尔(H. Rohrer)研制出世界上第一台扫描隧道显微镜(Scanning Tunnelling Microscope,STM)。STM 使人类第一次能够实时地观察单个原子在物质表面的排列状态和与表面电子行为有关的物化性质,在表面科学、材料科学、生命科学等领域的研究中有着重大的意义和广泛的应用前景,被国际科学界公认为 20 世纪 80 年代世界十大科技成就之一。为表彰 STM 的发明者们对科学研究所做出的杰出贡献,1986 年宾尼和罗雷尔被授予诺贝尔物理学奖。

　　原子的概念至少可以追溯到一千年前的德莫克利特时代,但在漫长的岁月中,原子还只是假设而并非可观测到的客体。人的眼睛不能直接观察到比 10^{-4} m 更小的物体或物质的结构细节,光学显微镜使人类的视觉得以延伸,人们可以观察到像细菌、细胞那样小的物体,但由于光波的衍射效应,使得光学显微镜的分辨率只能达到 10^{-7} m。

　　电子显微镜的发明开创了物质微观结构研究的新纪元,扫描电子显微镜(SEM)的分辨率为 10^{-9} m,而高分辨透射电子显微镜(HTEM)和扫描透射电子显微镜(STEM)可以达到原子级的分辨率——0.1 nm,但主要用于薄层样品的体相和界面研究,且要求特殊的样品制备技术和真空条件。

　　场离子显微镜(FIM)是一种能直接观察表面原子的研究装置,但只能探测半径小于100 nm 的针尖上的原子结构和二维几何性质,且样品制备复杂,可用来作为样品的材料也十分有限。X 射线衍射和低能电子衍射等原子级分辨仪器,不能给出样品实空间的信息,且只限于对晶体或周期结构的样品进行研究。

　　与其他表面分析技术相比,STM 具有如下独特的优点:

　　(1)具有原子级高分辨率,STM 在平行于样品表面方向上的分辨率分别可达 0.1 nm 和

0.01 nm,即可以分辨出单个原子。

（2）可实时得到实空间中样品表面的三维图像,可用于具有周期性或不具备周期性的表面结构的研究,这种可实时观察的性能可用于表面扩散等动态过程的研究。

（3）可以观察单个原子层的局部表面结构,而不是对体相或整个表面的平均性质,因而可直接观察到表面缺陷。表面重构、表面吸附体的形态和位置,以及由吸附体引起的表面重构等。

为了得到表面清洁的硅片单质材料,要对硅片进行高温加热和退火处理,在加热和退火处理的过程中硅表面的原子进行重新组合,结构发生较大变化,这就是所谓的重构。

（4）可在真空、大气、常温等不同环境下工作,样品甚至可浸在水和其他溶液中 不需要特别的制样技术并且探测过程对样品无损伤。这些特点特别适用于研究生物样品和在不同实验条件下对样品表面的评价,例如对于多相催化机理、超一身地创、电化学反应过程中电极表面变化的监测等。

（5）配合扫描隧道谱（STS）可以得到有关表面电子结构的信息,例如表面不同层次的态密度。表面电子阱、电荷密度波、表面势垒的变化和能隙结构等。

（6）利用 STM 针尖,可实现对原子和分子的移动和操纵,这为纳米科技的全面发展奠定了基础.1990 年,IBM 公司的科学家展示了一项令世人瞠目结舌的成果,他们在金属镍表面用 35 个氙原子组成"IBM"三个英文字母。

一、实验目的

（1）学习和了解扫描隧道显微镜的原理和结构。
（2）观测和验证量子力学中的隧道效应。
（3）学习扫描隧道显微镜的操作和调试过程,并以之来观测样品的表面形貌。
（4）学习用计算机软件处理原始图像数据。

二、实验原理

1. 隧道电流

扫描隧道显微镜的工作原理是基于量子力学中的隧道效应。对于经典物理学来说,当一个粒子的动能 E 低于前方势垒的高度 V_0 时,它不可能越过此势垒,即透射系数等于零,粒子将完全被弹回。而按照量子力学的计算,在一般情况下,其透射系数不等于零,也就是说,粒子可以穿过比它能量更高的势垒(图7-2-1)这个现象称为隧道效应。

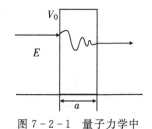

图 7-2-1　量子力学中的隧道效应

隧道效应是由于粒子的波动性而引起的,只有在一定的条件下,隧道效应才会显著。经计算,透射系数 T 为

$$T \approx \frac{16E(V_0-E)}{V_0^2}\mathrm{e}^{-\frac{2a}{\hbar}\sqrt{2m(V_0-E)}} \tag{7-2-1}$$

$$I \propto V_b \exp(-A\Phi^{\frac{1}{2}}S) \tag{7-2-2}$$

由式（7-2-1）可见,T 与势垒宽度 a、能量差 (V_0-E) 以及粒子的质量 m 有着很敏感的关系。随着势垒厚（宽）度 a 的增加,T 将指数衰减,因此在一般的宏观实验中,很难观察到粒

子隧穿势垒的现象。

扫描隧道显微镜的基本原理是将原子线度的极细探针和被研究物质的表面作为两个电极，当样品与针尖的距离非常接近（通常小于 1nm）时，在外加电场的作用下，电子会穿过两个电极之间的势垒流向另一电极。

隧道电流 I 是电子波函数重叠的量度，与针尖和样品之间距离 S 以及平均功函数 Φ 有关：

$$I \propto V_b \exp(-A\Phi^{\frac{1}{2}}S)$$

式中，V 是加在针尖和样品之间的偏置电压，平均功函数

$$\Phi = \frac{1}{2}(\Phi_1 + \Phi_2)$$

Φ_1 和 Φ_2 分别为针尖和样品的功函数，A 为常数，在真空条件下约等于 1。隧道探针一般采用直径小于 1 mm 的细金属丝，如钨丝、铂—铱丝等，被观测样品应具有一定的导电性才可以产生隧道电流。

2. 扫描隧道显微镜的工作原理

由式(7-2-2)可知，隧道电流强度对针尖和样品之间的距离有着指数依赖关系，当距离减小 0.1nm，隧道电流即增加约一个数量级。因此，根据隧道电流的变化，我们可以得到样品表面微小的高低起伏变化的信息，如果同时对 x-y 方向进行扫描，就可以直接得到三维的样品表面形貌图，这就是扫描隧道显微镜的工作原理。

扫描隧道显微镜主要有两种工作模式：恒电流模式和恒高度模式。

(1)恒电流模式：如图 7-2-2(a)所示。

x-y 方向进行扫描，在 z 方向加上电子反馈系统，初始隧道电流为一恒定值，当样品表面凸起时，针尖就向后退；反之，样品表面凹进时，反馈系统就使针尖向前移动，以控制隧道电流的恒定。将针尖在样品表面扫描时的运动轨迹在记录纸或荧光屏上显示出来，就得到了样品表面的态密度的分布或原子排列的图象。此模式可用来观察表面形貌起伏较大的样品，而且可以通过加在 z 方向上驱动的电压值推算表面起伏高度的数值。

(2)恒高度模式：如图 7-2-2(b)所示。在扫描过程中保持针尖的高度不变，通过记录隧道电流的变化来得到样品的表面形貌信息。这种模式通常用来测量表面形貌起伏不大的样品。

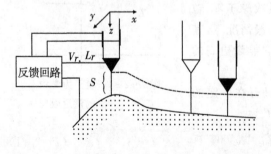

(a)恒电流模式 $V_x(V_x, V_y) \rightarrow z(x, y)$

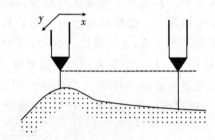

(b)恒高度模式 $\ln l(V_x, V_y) \rightarrow \sqrt{\Phi} \cdot z(x, y)$

图 7-2-2

三、实验仪器和样品

1. 隧道针尖的制备

隧道针尖的结构是扫描隧道显微技术要解决的主要问题之一。针尖的大小、形状和化学同一性不仅影响着扫描隧道显微镜图像的分辨率和图像的形状,而且也影响着测定的电子态。针尖的宏观结构应使得针尖具有高的弯曲共振频率,从而可以减少相位滞后,提高采集速度。如果针尖的尖端只有一个稳定的原子而不是有多重针尖,那么隧道电流就会很稳定,而且能够获得原子级分辨的图像。针尖的化学纯度高,就不会涉及系列势垒。例如,针尖表面若有氧化层,则其电阻可能会高于隧道间隙的阻值,从而导致针尖和样品间产生隧道电流之前,二者就发生碰撞。

目前制备针尖的方法主要有电化学腐蚀法、机械成型法等。制备针尖的材料主要有金属钨丝、铂－铱合金丝等。钨针尖的制备常用电化学腐蚀法。而铂－铱合金针尖则多用机械成型法,一般直接用剪刀剪切而成。不论哪一种针尖,其表面往往覆盖着一层氧化层,或吸附一定的杂质,这经常是造成隧道电流不稳、噪音大和扫描隧道显微镜图像的不可预期性的原因。因此,每次实验前,都要对针尖进行处理,一般用化学法清洗,去除表面的氧化层及杂质,保证针尖具有良好的导电性。

2. 减震系统

由于仪器工作时针尖与样品的间距一般小于 1 nm,同时隧道电流与隧道间隙成指数关系,因此任何微小的震动都会对仪器的稳定性产生影响。必须隔绝的两种类型的扰动是震动和冲击,其中震动隔绝是最主要的。隔绝震动主要从考虑外界震动的频率与仪器的固有频率入手。

外界震动如建筑物的震动,通风管道、变压器和马达的震动、工作人员所引起的震动等,其频率一般在 1～100 Hz,因此隔绝震动的方法主要是靠提高仪器的固有频率和使用震动阻尼系统。

扫描隧道显微镜的底座常常采用金属板(或大理石)和橡胶垫叠加的方式,其作用主要是用来降低大幅度冲击震动所产生的影响,其固有阻尼一般是临界阻尼的十分之几甚至是百分之几。

除此之外,仪器中经常对探测部分采用弹簧悬吊的方式。金属弹簧的弹性常数小,共振频率较小(约为 0.5 Hz),但其阻尼小,常常要附加其他减震措施。

在一般情况下,以上两种减震措施基本上能够满足扫描隧道显微镜仪器的减震要求。某些特殊情况,对仪器性能要求较高时,还可以配合诸如磁性涡流阻尼等其他减震措施。测量时,探测部分(探针和样品)通常罩在金属罩内,金属罩的作用主要是对外界的电磁扰动、空气震动等干扰信号进行屏蔽,提高探测的准确性。

3. 电子学控制系统

扫描隧道显微镜是一个纳米级的随动系统,因此,电子学控制系统也是一个重要的部分。扫描隧道显微镜要用计算机控制步进电机的驱动,使探针逼近样品,进入隧道区,而后要不断采集隧道电流,在恒电流模式中还要将隧道电流与设定值相比较,再通过反馈系统控制探针的进与退,从而保持隧道电流的稳定。所有这些功能,都是通过电子学控制系统来实现的。图

7－2－3给出了扫描隧道显微镜电子学控制系统的框图。

该电子反馈系统最主要的是反馈功能,这里采用的是模拟反馈系统,即针尖与样品之间的偏压由计算机数模转换通道给出,再通过 X,Y,Z 偏压控制压电陶瓷三个方向的伸缩,进而控制针尖的扫描。电子学控制系统中的一些参数,如隧道电流、针尖偏压的设定值,反馈速度的快慢等,都随着不同样品而异,因而在实际测量过程中,这些参量是可以调节的。一般在计算机软件中可以设置和调节这些数值,也可以直接通过电子学控制机箱上的旋钮进行调节。

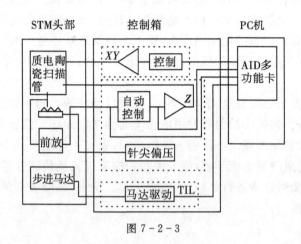

图 7－2－3

4. 在线扫描控制和离线数据处理软件

在扫描隧道显微镜的软件控制系统中,计算机软件所起的作用主要分为在线扫描控制和离线数据分析两部分。

(1)在线扫描控制

1)参数设置。在扫描隧道显微镜实验中,计算机软件主要实现扫描时的一些基本参数的设定、调节,以及获得、显示并记录扫描所得数据图像等。计算机软件将通过计算机接口实现与电子设备间的协调共同工作。在线扫描控制中一些参数的设置功能如下:

"电流设定"的数值意味着恒电流模式中要保持的恒定电流,也代表着恒电流扫描过程中针尖与样品表面之间的恒定距离。该数值设定越大,这一恒定距离也越小。测量时"电流设定"一般在"0.5～1.0 nA"范围内。

"针尖偏压"是指加在针尖和样品之间、用于产生隧道电流的电压真实值。这一数值设定越大,针尖和样品之间越容易产生隧道电流,恒电流模式中保持的恒定距离越小,恒高度扫描模式中产生的隧道电流也越大。"针尖偏压"值一般设定在"50～100 mV"范围。

"Z电压"是指加在三维扫描控制器中压电陶瓷材料上的真实电压。Z电压的初始值决定了压电陶瓷的初始状态,随着扫描的进行,这一数值要发生变化。"Z电压"在探针远离样品时的初始值一般设定在"－150.0～－200.0 mV"。

"采集目标"包括"高度"和"隧道电流"两个选项,选择扫描时采集的是样品表面高度变化的信息还是隧道电流变化的信息。

"输出方式"决定了将采集到的数据显示成为图像还是显示成为曲线。

"扫描速度"可以控制探针扫描时的延迟时间,该值越小,扫描越快。

"角度走向"是指探针水平移动的偏转方向,改变角度的数值,会使扫描得到的图像发生旋转。

"尺寸"是设置探针扫描区域的大小,其调节的最大值有量程决定。尺寸越小,扫描的精度也越高,改变尺寸的数值可以产生扫描图像的放大与缩小的作用。

"中心偏移"是指扫描的起始位置与样品和针尖刚放好时的偏移距离,改变中心偏移的数值能使针尖发生微小尺度的偏移。中心偏移的最大偏移量是当前量程决定的最大尺寸。

"工作模式"决定扫描模式是恒电流模式还是恒高度模式。

"斜面校正"是指探针沿着倾斜的样品表面扫描时所做的软件校正。

"往复扫描"决定是否进行来回往复扫描。

"量程"是设置扫描时的探测精度和最大扫描尺寸的大小。

这些参数的设置除了利用在线扫描软件外,利用电子系统中的电子控制箱上的旋钮也可以设置和调节这些参数。

2)马达控制。软件控制马达使针尖逼近样品,首先要确保电动马达控制器的红色按钮处于弹起状态,否则探头部分只受电子学控制系统控制,计算机软件对马达的控制不起作用。马达控制软件将控制电动马达以一个微小的步长转动,使针尖缓慢靠近样品,直到进入隧道区为止。

马达控制的操作方式为:"马达控制"选择"进",点击"连续"按钮进行连续逼近,当检测到的隧道电流达到一定数值后,计算机会进行警告提示,并自动停止逼近,此时单击"单步"按钮,直到"Z 电压"的数值接近零时停止逼近,完成马达控制操作。

(2)离线数据分析。离线数据分析是指脱离扫描过程之后的针对保存下来的图像数据的各种分析与处理工作。常用的图像分析与处理功能有:平滑、滤波、傅里叶变换、图像反转、数据统计、三维生成等。大多数的软件中还提供很多其他功能,综合运用各种数据处理手段,最终得到自己满意的图像。

5. 测量用样品

(1)光栅样品。使用扫描隧道显微镜,对于已知的样品,很容易测得它的表面形貌的信息。新鲜的光栅表面没有缺陷,若在测量过程中发生了撞针现象,则容易造成人为的光栅表面的物理损坏,或者损坏扫描针尖。在这种情况下往往很难得到清晰的扫描图像。此时,除了采取重新处理针尖措施外,适当的改变一下样品放置的位置,选择适当的区域进行扫描也是必要的。

(2)石墨样品。当用扫描隧道显微镜扫描原子图像时,通常选用石墨作为标准样品。石墨中原子排列呈层状,而每一层中的原子则呈周期排列。由于石墨在空气中容易氧化,因此在测量前应首先将表面一层揭开(通常用粘胶带纸粘去表面层),露出石墨的新鲜表面,再进行测量。因为此时要得到的是原子的排列图像,而任何一个外界微小的扰动,都会造成严重的干扰。因此,测量原子必须在一个安静、平稳的环境中进行,对仪器的抗震及抗噪声能力的要求也较高。

(3)未知样品。通过对已知样品的测量,我们可以确定针尖制备的好坏,选择一个较好的针尖,对未知样品进行测量。通过对扫描所得的图像进行各种图像处理,来分析未知样品的表面形貌信息。

四、实验步骤

(1)将一短长约 3 cm 的铂铱合金丝放在丙酮中洗净,取出后用经丙酮清洗的剪刀剪尖,再放入丙酮中洗几下(在此后的实验中千万不要碰针尖!)。将探针后部略微弯曲,插入头部的金属管中固定,针尖露出头部约 5 mm。

(2)将样品放在样品台上,应保持良好的电接触。将下部两个螺旋测微头向上旋起,然后把头部轻轻放在支架上(要确保针尖与头部间有一段距离),头部两边用弹簧扣住。小心地调节螺旋测微头,在针尖与样品间距约为 0.5 mm 处停住。

(3)运行 STM 工作软件,打开控制箱,将"隧道电流"置为 0.5 nA,"针尖偏压"置为 50 mV,"积分"置为 5.0,点击"自动进"至马达自动停止。金的扫描范围置为 800~900 nm,光栅的是 3000 nm 左右。开始扫描。可点击"调色板适应"以便得到合适的图像对比度,并调节扫描角度和速度,直到获得满意的图像为止。

一般,观察到的金的表面由团簇组成,而光栅的表面一般比较平整,条纹刻痕较浅,在不同角度观察到的方向不同。

(4)实验结束后,一定要用"马达控制"的"连续退"操作 将针尖退回,然后再关闭实验系统。

(5)STM 仪器比较精致,而且价格昂贵,操作过程中动作一定要轻,避免造成设备损坏。

五、图像处理

(1)平滑处理:将像素与周边像素做加权平均。

(2)斜面校正:选择斜面的一个顶点,以该顶点为基点,现行增加该图像的所有像素值,可多次操作。

(3)中值滤波:滤波的基本作用是可将一系列数据中过高的削低、过低的添平。因此,对于测量过程中由于针尖抖动或其他扰动给图像带来的很多毛刺,采用滤波的方式可以大大消除。

(4)傅里叶变换:对图像的周期性很敏感,在做原子图像扫描时很有用。

六、课程安排

(1)原理简介与上机模拟。

(2)演示与学生实验:先用铁丝作探针练习,熟练后再用铂铱合金丝制作针。指定样品的测量。

(3)改变电压及扫描角度重新扫描,进行图像处理。课后资料定向查询并完成实验报告。

七、实验思考题

1.扫描隧道显微镜的工作原理是什么?什么是量子隧道效应?

2.扫描隧道显微镜主要常用的有哪几种扫描模式?各有什么特点?

3.仪器中加在针尖与样品间的偏压起什么作用?针尖偏压的大小对实验结果有何影响?实验中隧道电流设定的大小意味着什么?

第8章

光纤传感器实验

8-1 Bragg 光纤光栅传感器及测量

一、实验目的

(1)了解和掌握光纤光栅的基本特性、光纤光栅传感器的基本结构、光纤光栅传感的基本原理。

(2)掌握光纤光栅传感测量的基本方法和原理,同时了解光纤光栅和光纤传感的局限性。

二、实验仪器

SGQ-1型光纤光栅传感实验仪一套,电脑一台。

三、实验原理

1. 光纤光栅及其基本特性

光纤光栅的基本结构如图 8-1-1 所示。它是利用光纤材料的光折变效应,用紫外激光向光纤纤芯内由侧面写入,形成折射率周期变化的光栅结构,这种光栅称之为布喇格(Bragg)光纤光栅。

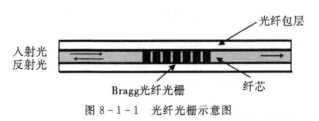

图 8-1-1 光纤光栅示意图

这种折射率周期变化的 Bragg 光纤光栅满足下面相位匹配条件时,入射光将被反射:

$$\lambda_B = 2n_{eff}\Lambda \tag{8-1-1}$$

式中,λ_B 为 Bragg 波长(即光栅的反射波长);Λ 为光栅周期;n_{eff} 为光纤材料的有效折射率。如果光纤光栅的长度为 L,由耦合波方程可以计算出反射率 R 为

$$R = \left| \frac{A_r(0)}{A_i(0)} \right| = \frac{\kappa^* \kappa \sinh^2 sL}{s^2 \cosh^2 sL + (\Delta\beta/2)^2 \sinh^2 sL}$$

图 8-1-2 显示了两条不同反射率的布喇格光纤光栅反射谱,图 8-1-3 为一个实际的

布喇格光纤光栅反射谱和透射谱。其峰值反射率 R_m 为

$$R_m = \tanh^2\left[\frac{\pi \Delta n L}{2 n_{\text{eff}} \Lambda}\right] \qquad (8-1-2)$$

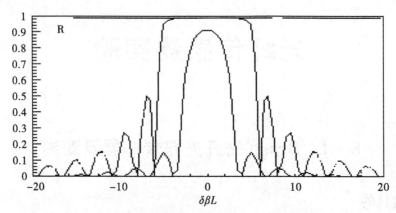

图 8-1-2　曲线 $\kappa L=2$ 和 $\kappa L=5$ 的反射谱

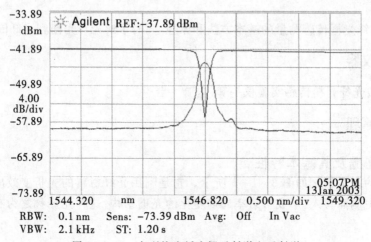

图 8-1-3　布喇格光纤光栅透射谱和反射谱

反射的半值全宽度(FWHM),即反射谱的线宽值

$$\Delta\lambda_B = \lambda_B \sqrt{\left(\frac{\Lambda}{L}\right)^2 + \left(\frac{\Delta n}{n_{\text{eff}}}\right)^2} \qquad (8-1-3)$$

2. 光纤光栅传感的基本原理

当光栅周围的应变 ε 或者温度 T 发生变化时,将导致光栅周期 Λ 或纤芯折射率 n_{eff} 发生变化,从而产生光栅 Bragg 信号的波长位移 λ,(1)式中,n_{eff},Λ 是温度 T 和轴向应变 ε 的函数,因此 Bragg 波长的相对变化量可以写成:

$$\Delta\lambda/\lambda_B = (\alpha + \xi)\Delta T + (1 - P_e)\varepsilon \qquad (8-1-4)$$

式中,α,ξ 分别是光纤的热膨胀系数和热光系数;P_e 是有效光弹系数,大约为 0.22。通过监测 Bragg 波长偏移情况,即可获得栅周围的应变或者温度的变化情况。应变 ε 可以是很多物理量(如,压力、形变、位移、电流、电压、振动、速度、加速度、流量等等)的函数,因此应用光纤光栅

可以制造出不同用途的传感头。

（1）光纤光栅温度传感原理。在光纤光栅温度传感器中，为了提高光纤光栅温度灵敏度，光纤光栅封装在温度增敏材料基座上，外部有不锈钢管保护，外面有加热装置。如图 8-1-4 所示。

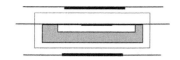

图 8-1-4　被封装的光纤光栅温度传感头

此时，光纤光栅温度传感的表达式为

$$T = T_0 + \frac{\Delta\lambda}{\alpha_T} \qquad (8-1-5)$$

α_T 定义为该温度传感器的温度灵敏度，表示为

$$\alpha_T = \frac{\Delta\lambda}{\Delta T} = [(\alpha + \xi) + (1-P)(\alpha_j - \alpha)]\lambda_B \qquad (8-1-6)$$

可由实验获得：

α：石英材料（光纤光栅）光纤热膨胀系数 $0.5 \times 10^{-6}/℃$

ξ：石英材料（光纤光栅）光纤热光系数 $8.3 \times 10^{-6}/℃$

P_e：石英材料（光纤光栅）光纤有效光弹系数，为 0.22，$\eta = 1 - P_e$

α_j：基座热膨胀系数

计算得到 $\alpha_T = 0.035\text{nm}/℃$。

由此测量到的波长的变化量 $\Delta\lambda$，利用式（8-1-5），便可计算出温度的变化 $T - T_0$。

（2）光纤光栅应变传感原理。光纤光栅应变传感原理如图 8-1-5 所示，光纤光栅粘接在悬臂梁距固定端根部 x 位置，螺旋测微器调节挠度。

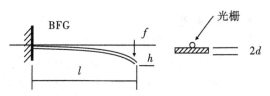

图 8-1-5　光纤光栅应变传感头

由材料力学可知，光纤光栅的应变为

$$\varepsilon = \frac{3(l-x)dh}{l^3} \qquad (8-1-7)$$

式中，l,h,d 分别表示梁的长度、挠度和中性面至表面的距离，$\eta = 1 - P_e$，P_e 是光纤有效光弹系数。挠度变化 Δh 时，应变的变化量 $\Delta\varepsilon$ 及峰值波长的变化量为

$$\Delta\varepsilon = \frac{3(l-x)d}{l^3}\Delta h$$

$$\Delta\lambda = (1-P_e)\lambda_B\Delta\varepsilon \qquad (8-1-8)$$

于是，定义光纤光栅悬臂梁波长调谐灵敏度 β_ε（单位是 nm/mm）：

$$\frac{\Delta\lambda}{\Delta h} = \beta_\varepsilon = \frac{(1-P_e)\Delta\varepsilon\lambda_B}{\Delta h} \qquad (8-1-9)$$

同样,定义应变调谐灵敏度:

$$\frac{\Delta\varepsilon}{\Delta h}=\frac{\beta_\varepsilon}{(1-P_e)\lambda_B} \tag{8-1-10}$$

各挠度下,光纤光栅应变传感的表达式为

$$\varepsilon=\varepsilon_0+\frac{\Delta\lambda}{(1-P_e)\lambda_B} \tag{8-1-11}$$

利用给出的光纤光栅应变传感器波长—挠度灵敏度系数 β_ε,可计算出应变传感器的各点实际应变:

$$\varepsilon=\varepsilon_0+\frac{\beta_\varepsilon}{(1-Pe)\lambda_B}\Delta h \tag{8-1-12}$$

本实验光纤光栅波长悬臂梁调谐器中,悬臂梁是 79 mm×5 mm×1.4 mm 钢带,螺旋测微器 7 最大行程为 8 mm,光纤光栅粘接在根部的 5 mm 处,光纤光栅波长调谐灵敏度为 $\beta_\varepsilon=0.38$ nm/mm(实际测量为 0.3875,对应的应变调谐灵敏度为 320 $\mu\varepsilon$/mm),最大调谐量 3.8 nm,图 8-1-6 是光纤光栅波长悬臂梁调谐曲线,直线斜率代表波长调谐灵敏度 β_ε。

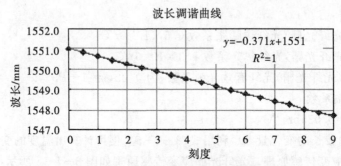

图 8-1-6　光纤光栅波长悬臂梁调谐曲线

3. 光纤光栅传感测量实验系统

光纤光栅传感测量系统如图 8-1-7 所示,它的工作过程及原理是:具有宽带特性的探测光源经光纤耦合器一个输出端、信号传输光纤到光纤光栅传感头,再由传感光栅反射,形成传感光栅的窄带反射光谱,再由传输光纤传输到波长分析器;波长分析器的功能类似光谱仪的分光功能,探测传感光栅光谱分布及其光谱变化,光电检测是将光栅光谱分布及其光谱变化转变成电信号的变化和数据处理,显示为传感结果输出,数据处理和显示可以由计算机完成。

波长分析器是一种悬臂梁可调光纤光栅滤波器,其原理图与图 8-1-5 光纤光栅应变传感头相同,由螺旋测微器改变悬臂梁形变的挠度,改变滤波器光纤光栅的反射光谱。光电探测是一种宽带接收系统,光电探测到的光强值是传感光纤光栅光强分布曲线与滤波器光纤光栅光强分布曲线的卷积,其滤波器光纤光栅波长峰值与传感光纤光栅波长峰值相同时,光电信号达到极大值,极大值的波长位置即是传感光纤光栅波长位置。

4. 实验内容及操作

(1)实验前的准备,熟悉光纤光栅传感实验仪结构、各功能模块及接口。光纤光栅传感实验仪,包括光纤光栅传感测试单元和光纤光栅传感单元,其基本结构如图 8-1-8 和图 8-1-9所示。

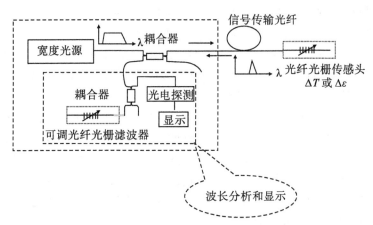

图 8-1-7　光纤光栅传感测量实验系统

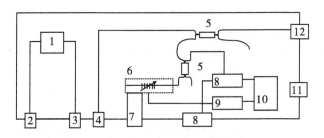

图 8-1-8　光纤光栅传感测试单元

　　1—ASE 宽带光源;2—1550 nm 信号光源输入接口;3—宽带光源输出接口;4—宽带光源输入接口;5—光纤耦合器;6—波长悬臂梁调谐器;7—螺旋测微器;8—光强信号数字电压表;8—光强信号接收放大电子线路;9—波长传感器信号接收放大电子线路;10—A/D 转换及数据处理电子线路;11—RS232 数据输出接口;12—传感信号输入接口

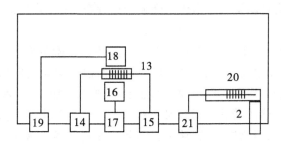

图 8-1-9　光纤光栅传感测试单元

　　13—光纤光栅温度传感器;14、15—温度传感信号输出接口 1、2;16—加热装置;17—加热调节器;18—温度检测装置;19—温度数字显示器;20—光纤光栅应变传感器;21—应变传感信号输出端;22—螺旋测微器

　　(2)温度传感实验。测试单元图中宽带光源 1 的输出接口 3 与宽带光源输入端 4 用跳线连接,将 RS232 接口与计算机连接,将光纤光栅传感单元中的光纤光栅温度传感信号输出端 14 或 15(用于与应变传感输出串接,作波分复用实验)与图 8-1-8 光纤光栅传感信号输入接

口 12 连接,温度调节钮旋至最小,开启电源,温度显示为室温温度。

测量和记录数据,用测试系统配套软件完成,也可以手工完成。

①如用计算机传感测试软件测量记录数据:启动计算机传感测试软件,熟悉计算机软件界面操作,实验时计算机会自动记录显示传感光栅光谱分布曲线,手工确定参考波长位置和另一温度下光栅波长位置,自动显示波长差和温度差。

②如用手工测量记录数据:先粗调确定出有光强信号输出的起始位置,再以一定的小进给量,缓慢转动波长调谐螺旋测微器 7 到需要的刻度位置即挠度(单方向转动,以消除螺距差,下同),记录刻度值和光强信号电压表 8′显示电压值,直至螺旋测微器到光栅谱线全部显示出,这为一组室温下光纤光栅光谱分布曲线数据;转动传感单元上温度调节电位器,开始加热,5～6 min后温度显示数字稳定,重复上述步骤开始这一温度下的光纤光栅光谱分布曲线数据测试;直至完成温度最高时的数据测试。

数据处理方法:在计算机上应用 Excel 或 Origin 绘图软件,绘出每一个温度下光强－挠度曲线,利用给出的挠度－光纤光栅波长调谐曲线拟合直线方程参数(斜率及 λ_0)进一步绘出波长－光强温度传感光纤光栅光谱分布曲线,将曲线拟合成平滑的曲线,找出每个曲线的极大值波长,计算出每个温度下极大值波长与室温极大值波长之差 $\Delta\lambda t$,利用给出的光纤光栅温度传感器波长－温度关系式中波长－温度灵敏度 α_T 计算出测量的温度

$$t = t_0 + \frac{\Delta\lambda t}{\alpha_T}$$

绘制测量温度值 t 与传感器处的实际温度值 T 关系曲线。理想情况下,应是成 45° 夹角的直线,但由于种种误差原因,并非如此。计算出 t 的测量误差,并分析原因。

(3)应变传感实验。将光纤光栅传感单元中的光纤光栅应变传感信号输出端与图8－1－8光纤光栅传感信号输入接口 12 连接,不开启传感单元电源。

测量和记录数据,用测试系统配套软件完成,也可以手工完成。

①如用计算机传感测试软件测量记录数据:启动计算机传感测试软件,熟悉计算机软件界面操作,实验时计算机会自动记录显示传感光栅光谱分布曲线,手工确定参考波长位置和另一应变下光栅波长位置,自动显示波长差和应变差。

②如用手工数据记录应变测量实验:基本与温度传感实验步骤相同,以一定的小进给量,缓慢转动波长调谐螺旋测微器 7 到需要的刻度位置即挠度,记录刻度值和光强信号电压表 8′显示电压值,直至螺旋测微器到光谱曲线全部显示出,这为一组"零刻度传感应变"光纤光栅光谱分布曲线数据;转动传感调谐螺旋测微器一圈 0.5 mm,重复上述步骤开始这一应变值下的光纤光栅光谱分布曲线数据测试;再转动传感调谐螺旋测微器一圈 0.5 mm,开始下一应变值的数据测试,直至完成应变刻度最高 8 mm 的数据测试。

数据处理:应用 Excel 绘图软件,绘出每一个传感应变下光强－挠度曲线,利用给出的挠度－光纤光栅波长调谐曲线拟合直线方程参数(斜率及 λ_0)进一步绘出波长－光强应变传感光纤光栅光谱分布曲线,将曲线拟合成平滑的曲线,找出每个曲线的极大值波长,计算出每个传感应变下极大值波长与"零刻度传感应变"极大值波长之差 $\Delta\lambda\varepsilon$。

各挠度下的测量应变是:

$$\varepsilon = \varepsilon_0 + \frac{\Delta\lambda\varepsilon}{(1 - P_e)\lambda_\varepsilon}$$

利用给出的光纤光栅应变传感器波长－挠度灵敏度系数 β_E 可计算出应变传感器的各点实际应变：

$$E = E_0 + \frac{\beta_E}{(1 - P_e)\lambda_\varepsilon} \Delta h$$

绘制测量应变 ε 与传感器处的实际应变值 E 关系曲线。理想情况下，应是成 45°夹角的直线，但由于 ε 和 E 都可能存在测量误差等种种误差原因，并非成 45°夹角的直线，并分析原因。

注意事项：

(1)光纤跳线不要强拉硬拽，不要使弯曲半径过小。

(2)光纤跳线接头安装时，要对准插入，轻轻旋紧，仅防磨损光学表面，表面不洁时，用透镜纸粘取少量无水乙醇轻轻擦拭表面。

(3)光纤跳线尽量保持在插入原位，不要频繁拔下插入。

(4)仪器需要 10 多分钟的预热时间。实验前要充分准备，熟悉实验步骤，数据测试要熟练紧凑，以免温度变化造成误差。

(5)实验结束后，螺旋测微器尽量保持在旋出位置，使悬臂梁处于无应力状态。

(6)测不到信号时，先检查跳线接头是否处于对准插入状态，检查接头表面是否弄脏，检查传感波长位置是否处于可测量范围之内。

8－2　光纤 F-P 干涉传感器及微振动测量

一、实验目的

(1)了解和掌握光纤法布里-珀罗(F-P)干涉传感器的结构和基本特性。

(2)掌握光纤 F-P 干涉传感器的原理，以及用光纤 F-P 干涉传感器进行微振动测量的方法。

二、实验仪器

宽带光源，光纤耦合器，光纤光栅，光电探测器，反射镜，信号发生器，扬声器，数字示波器，光纤跳线、法兰盘，微机一台。

三、实验原理

1. 光纤 F-P 传感器的结构和基本原理

随着现代测量技术的发展，光纤传感器的应用已经越来越广泛。光纤干涉传感器作为光纤传感器中极为重要和常用的一类，相对于其他光纤传感器其主要优点在于分辨率高、精度高以及实现方式多样化，光纤 F-P 干涉传感器的技术最为成熟和应用最广，可应用于复合材料、大型建筑结构（如桥梁等）、宇航飞行器、飞机等的结构状态监测，以实现所谓的智能结构。

光纤 F-P 干涉传感器的结构如图 8-2-1 所示，激光器输入光经耦合器、传输光纤，在光纤端面部分反射回光纤，部分透射出光纤。从端面输出的光被前方镜面反射，在光纤端面和镜面形成的 F-P 腔的共同作用下，来回振荡；同时，在端面处多光束透射返回光纤，多束透射光连同端面反射回光纤的原有光，产生多光束干涉，调制光强，干涉光经耦合器被光电探测器接收。在稳定状态，如：F-P 腔长不改变的情况下，光电探测器将接收的稳定的光强信号输出；若

F-P 腔长变化,如反射镜的移动,将得到变化的强度信号输出,分析探测到的光强信号,可以确定镜面(物体)的运动情况。基于上述特性,光纤 F-P 干涉传感器能够用于物体的位移、振动、速度的测量。

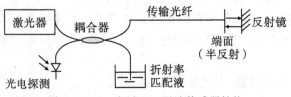

图 8-2-1　光纤 F-P 干涉传感器结构

　　F-P 干涉是多光束干涉,如图 8-2-2 所示,根据多光束干涉理论,F-P 干涉传感器输出反射光光强的公式为

$$I_R = \frac{2R - 2R\cos\left(\dfrac{4\pi h}{\lambda}\right)}{1 + R^2 - 2R\cos\left(\dfrac{4\pi h}{\lambda}\right)} I_0 \tag{8-2-1}$$

式中,I_0 为最初入射光强,R 为光纤端面反射率,h 为 F-P 腔长,λ 为激光波长。由式(8-2-1)可知,当 $\dfrac{4\pi h}{\lambda} = (2m-1)\pi$ 时,反射光强值 I_R 为极小值;当 $\dfrac{4\pi h}{\lambda} = 2m\pi$ 时,反射光强值 I_R 为极大值,m 为干涉级次,相邻极大(小)值之间相差 1 个级次。图 8-2-3 为输出光强(反射光强值 I_R)相对于 F-P 腔长 h 的关系曲线,从图可知,该曲线为近似正弦曲线,周期仅与入射激光波长 λ 有关,而不受入射光强的影响。

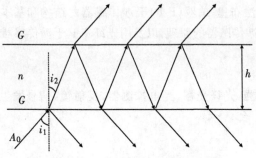

图 8-2-2　F-P 腔多光束干涉示意图

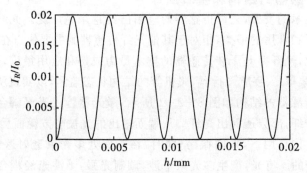

图 8-2-3　输出光强相对于 F-P 腔长 h 的关系曲线

根据$\frac{4\pi h}{\lambda}=2m\pi$,若 m 变化 1,则相邻光强极大值移动一个级次(条纹),此时 h 改变$\frac{\lambda}{2}$,因此,在动态测量中,只要统计干涉信号的极大值个数,就可以计算出物体的位移量(h 改变量),计算公式为

$$d=h=N\cdot\frac{\lambda}{2} \tag{8-2-2}$$

式中,N 为条纹极大值个数。

2. 光纤 F-P 干涉微振动传感实验系统

光纤 F-P 干涉微振动传感实验系统如图 8-2-4 所示,宽带光源将 1520～1570 nm 波长范围的激光经环形器入射到光纤光栅,光纤光栅具有滤波作用,反射一个 Bragg 波长的窄带光,形成 1550 nm 激光经环形器输出;激光经光纤耦合器到达传感臂光纤端面,进而在光纤端面与被测物表面构成的 F-P 腔内振荡,形成多光束干涉,干涉光经传感臂、耦合器后被光电探测器接收,光强信号转换成电压信号并用数字示波器显示出来,计算机和连接,可以实时采集干涉信号,并进行数据处理和分析,得到被测物体的振动曲线。

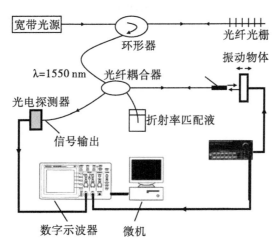

图 8-2-4　光纤 F-P 干涉微振动传感实验系统

图 8-2-5 所示描述了被测物体做三角波位移运动的情形,下方曲线为物体在 800 ms 内的位移曲线,上方曲线为物体运动时产生的干涉信号波形。从图中看出,波形极大值个数与半个波长的乘积正好等于物体的位移量。

三、实验步骤及要求

(1)按图 8-2-4 搭建实验系统。

(2)实验时,打开宽度光源和示波器电源,使它们处于正常工作状态。打开信号发生器电源,使物体选择三角波信号输出,驱动扬声器,使物体振动。

(3)观察示波器接收到的干涉信号,同时调整 F-P 谐振腔,得到适度的反射光和合适的腔长度,此时信号调到最好状态。

(4)使计算机和数字示波器能够通信,用数据采集软件采集干涉信号并保存。

(5)编写数据处理程序,处理干涉信号数据,给出被测物体的运动曲线。

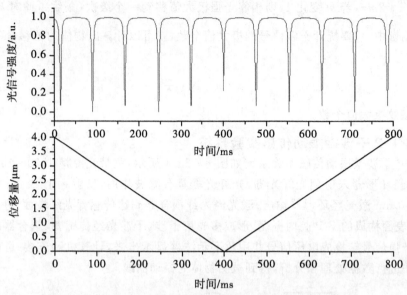

图 8 - 2 - 5　被测物体的运动曲线和干涉信号波形

常用物理基本常数表

物理常数	符号	单位	最佳实验值	供计算用值
真空中光速	c	$m \cdot s^{-1}$	299792458 ± 1.2	3.00×10^8
引力常数	G_0	$m^3 \cdot s^{-2}$	$(6.6720 \pm 0.0041) \times 10-11$	$6.67 \times 10-11$
阿伏加德罗(Avogadro)常数	N_A	mol^{-1}	$(6.022045 \pm 0.000031) \times 10^{23}$	6.02×10^{23}
普适气体常数	R	$J \cdot mol^{-1} \cdot K^{-1}$	(8.31441 ± 0.00026)	8.31
玻尔兹曼(Boltzmann)常数	k	$J \cdot K^{-1}$	$(1.380662 \pm 0.000041) \times 10^{-23}$	1.38×10^{-23}
理想气体摩尔体积	V_m	$m^3 \cdot mol^{-1}$	$(22.41383 \pm 0.00070) \times 10^{-3}$	22.4×10^{-3}
基本电荷(元电荷)	e	C	$(1.6021892 \pm 0.0000046) \times 10^{-1}9$	1.602×10^{-19}
原子质量单位	u	kg	$(1.6605655 \pm 0.0000086) \times 10^{-27}$	1.66×10^{-27}
电子静止质量	m_e	kg	$(9.109534 \pm 0.000047) \times 10^{-31}$	9.11×10^{-31}
电子荷质比	e/m_e	$C \cdot kg^{-1}$	$(1.7588047 \pm 0.0000049) \times 10^{-11}$	1.76×10^{-11}
质子静止质量	m_p	kg	$(1.6726485 \pm 0.0000086) \times 10^{-27}$	1.673×10^{-27}
中子静止质量	m_n	kg	$(1.6749543 \pm 0.0000086) \times 10^{-27}$	1.675×10^{-27}
法拉第常数	F	$C \cdot mol^{-1}$	$(9.648456 \pm 0.000027) \times 10^4$	96500
真空电容率	ε_0	$F \cdot m^{-1}$	$(8.854187818 \pm 0.000000071) \times 10^{-12}$	8.85×10^{-12}
真空磁导率	μ_0	N/A^2	$12.5663706144 \pm 10^{-7}$	$4\pi \times 10^{-7}$
电子磁矩	μ_e	$J \cdot T^{-1}$	$(9.284832 \pm 0.000036) \times 10^{-24}$	9.28×10^{-24}
质子磁矩	μ_p	$J \cdot T^{-1}$	$(1.4106171 \pm 0.0000055) \times 10^{-23}$	1.41×10^{-23}
玻尔(Bohr)半径	α_0	m	$(5.2917706 \pm 0.0000044) \times 10^{-11}$	5.29×10^{-11}
玻尔(Bohr)磁子	μ_B	$J \cdot T^{-1}$	$(9.274078 \pm 0.000036) \times 10^{-24}$	9.27×10^{-24}
核磁子	μ_N	$J \cdot T^{-1}$	$(5.059824 \pm 0.000020) \times 10^{-27}$	5.05×10^{-27}
普朗克(Planck)常数	h	$J \cdot s$	$(6.626176 \pm 0.000036) \times 10^{-34}$	6.63×10^{-34}
精细结构常数	a		$7.2973506(60) \times 10^{-3}$	
里德伯(Rydberg)常数	R	m^{-1}	$1.097373177(83) \times 10^7$	
电子康普顿(Compton)波长		m	$2.4263089(40) \times 10^{-12}$	
质子康普顿(Compton)波长		m	$1.3214099(22) \times 10^{-15}$	
质子电子质量比	m_p/m_e		1836.1515	

参考文献

[1]丁慎训,张连芳.物理实验教程[M].2版.北京:清华大学出版社,2002.

[2]何元金,马兴坤.近代物理实验[M].北京:清华大学出版社,2003.

[3]吴思诚,荀坤.近代物理实验[M].4版.北京:高等教育出版社,2015.

[4]吴先球,熊予莹.近代物理实验教程[M].2版.北京:科学出版社,2009.

[5]高学颜.近代物理实验[M].济南:山东大学出版社,1989.

[6]郭奕玲,沈慧君.物理实验史话[M].北京:科学出版社,1988.

[7]吕斯骅,朱印康.近代物理实验技术(Ⅰ)[M].北京:高等教育出版社,1991.

[8]谭树杰,王华.物理学上的重大实验[M].北京:科学技术文献出版社,1987.

[9]尚惠青,王罗禹,译.现代物理学中的关键性实验[M].北京:科学出版社,1983.

[10]吴思诚,王祖铨.近代物理实验(基本实验)[M].北京:北京大学出版社,1986.

[11]吴思诚,王祖铨.近代物理实验(选做实验)[M].北京:北京大学出版社,1986.

[12]褚圣麟.原子物理学[M].北京:人民教育出版社,1979.

[13]曾谨言.量子力学(上、下册)[M].北京:科学出版社,1981.

[14]王正行.近代物理学[M].2版.北京:北京大学出版社,2010.